Angel Mario Leal Garcia

Maquina 23

AF302620

Angel Mario Leal Garcia

# Maquina 23

## La Historia de un Bombero Voluntario

JustFiction Edition

**Imprint**
Any brand names and product names mentioned in this book are subject to trademark, brand or patent protection and are trademarks or registered trademarks of their respective holders. The use of brand names, product names, common names, trade names, product descriptions etc. even without a particular marking in this work is in no way to be construed to mean that such names may be regarded as unrestricted in respect of trademark and brand protection legislation and could thus be used by anyone.

Cover image: www.ingimage.com

Publisher:
JustFiction! Edition
is a trademark of
Dodo Books Indian Ocean Ltd., member of the OmniScriptum S.R.L Publishing group
str. A.Russo 15, of. 61, Chisinau-2068, Republic of Moldova Europe
Printed at: see last page
**ISBN: 978-620-3-57690-0**

# MAQUINA

## 23

La historia de un bombero voluntario

Lo importante es dejar huella en tu paso por la vida.

Impreso en México

# MAQUINA 23

Al momento de escribir este libro, me encuentro viviendo uno de los peores momentos de mi vida, pero escribir mis recuerdos es algo que me ayuda a pasar estos momentos.

Agradezco a mi familia especialmente a mi esposa Verónica, por estar junto a mí y apoyarme en este nuevo proyecto, agradezco también a mis hijos, Ángel, Zairel y Julio por esa paciencia, por ese amor, demostrado durante estos momentos, así mismo les agradezco su comprensión.

Aunque algunas partes fueron cambiadas, para poder dar un buen mensaje a los lectores, los personajes mencionados si existieron, en algunos casos se cambiaron los nombres, pero a los que no, es una forma de agradecerles lo que aprendí de ellos.

Al final, pero no por eso menos importante, este libro está dedicado a todas esas personas que quieren dejar huella en esta vida, para los guerreros que pelean a diario para salvar vidas, a esas personas que son héroes anónimos, y no esperan recibir nada a cambio, más que la satisfacción de ayudar a hacer de este mundo un lugar mejor.

*Este libro va dedicado a todos los bomberos*

# 1

# LA MISION:

# "DEJAR HUELLA"

Ese día llegue temprano, la preparatoria abría sus puertas a las 6:30 AM, pero yo llegaba alrededor de las 6:00, algo muy común en mí, en esa temprana edad, estaba en el primer semestre, era una persona de pocos amigos, pero me sentía un líder nato, y los que estaban cerca de mi eran realmente amigos, en las buenas y en las malas sabía que podía contar con ellos, me sentía líder de una banda, de hecho podría jurar que había dos grandes bandas en la prepa, la banda del maestro de deportes, quien dirigía al equipo de americano y la banda de un servidor, bueno, solo tengo que aclarar, que en ese momento solo contaba mi banda con un solo miembro, con mi amigo, el gran chícharo, quien era el único miembro activo de mi banda, era un buen amigo, corpulento, más alto que yo, con una cara de pocos amigos, es más podría decir que más que mi amigo podría haber sido mi guardaespaldas, tenía un cuerpo que aparentaba el de una persona de mayor edad, mínimo de universidad, pero así de grande era su nobleza y fidelidad hacia mí.

Caminábamos por las aulas mirando de arriba abajo a los demás compañeros, tratando de intimidarlos, quienes solo se nos quedaban viendo y "asustados" volteaban su mirada hacia otro lado, como teniendo miedo de que les fuéramos a hacer algo, solo tratábamos de marcar nuestro territorio, era nuestro derecho y obligación, y si veíamos a alguien del equipo de americano, hacíamos exactamente lo mismo, con la mirada, lo que les queríamos decir es que las áreas de salones estaban bajo nuestro control, si ellos dominaban algo era solo el campo de juego , el cual se encontraba en la parte trasera de la escuela.

Al poco tiempo, sin decir que no paso ni una semana en darnos cuenta, que lo que creíamos era solo nuestra imaginación, ya que cuando mirábamos a los compañeros y se volteaban no era por miedo, era simplemente porque se volteaban para no reírse de nosotros en nuestra cara, también nos dimos cuenta que la fuerte rivalidad que teníamos con los del equipo de americano, ni siquiera ellos la conocían, es más, creo que ni siquiera sabían que estudiábamos en la misma preparatoria.

Aunque en realidad nuestra banda, no estaba formada bajo ningún régimen, ni bajo ningún juramento, es más formalmente nunca fuimos una banda, (al día de hoy nunca he sabido que exista una banda estudiantil conformada por dos miembros), éramos muy unidos, y realmente queríamos dejar huella en la prepa, pero una huella que realmente fuera un ejemplo a seguir.

Varios días, tratamos de buscar alianzas con algunas etnias, o con miembros de algunas culturas urbanas, de hecho algún día llegue a vestirme de vaquero, llegaba a la escuela con botas vaqueras, cinto piteado, y camisa de cuadros, me sentía todo un ranchero, pero esto era con la idea de hacer alianzas con los miembros de la cultura vaquera, le comente al chícharo sobre que él se vistiera de la misma manera, pero él era de un solo estilo, el cual cabe señalar que era un estilo único, playera tipo polo, pantalón de vestir, cinto de vestir, y zapatos de vestir, era un uniforme para él, no creo que fuera su único juego de ropa que tuviera, ya que juro que varias veces lo vi con diferentes colores de playera, haciendo juego con diferentes pantalones, por eso digo que era su estilo.

Ese día fuimos a buscar al grupo de vaqueros quienes se encontraban fuera de la cafetería de la prepa, eran como 5 miembros del selecto grupo de vaqueros urbanos, los que se encontraban como si fueran jinetes de rodeo esperando su turno a la monta, todos estaban recargados en la pared, con el pie izquierdo recargado sobre la pared, está de más decir que su atuendo era similar al que yo traía ese día, la diferencia es que todo su atuendo era de buena marca, y el mío era imitación, algunos de ellos fumaban, ( el chícharo y yo aún no llegábamos a ese nivel de maldad, al menos yo ya había fumado a escondidas pero fumar frente a todos se me hacia una gran hazaña.) al acercarnos nos dimos cuenta como dejaban de platicar, y hacían como que no estábamos ahí, como siempre , tome la iniciativa, ( yo creo que la misma incomodidad me hiso tomar la iniciativa),

-¿Qué onda compadres, que hay de nuevo?

Sentí un silencio mayor al que se siente cerca del desierto de Sonora, nunca he ido a Sonora, y mucho menos conozco un desierto, pero me imagino que no hay ruido, pues ahí no hay nada, pues así se sintió en ese momento.

Pasaron como unos cuantos segundos, cuando el más obeso de ellos contesta: - Quiubo?

-Qué hay de nuevo compadre? ¿Qué dicen? -, les pregunte ya en un tono un poco más tranquilo como si sintiera un poco de confianza.

-Nada pelaos aquí andamos- Un cigarro? Nos preguntó como si nos conociéramos de tiempo, al momento que, de su bolsa trasera del pantalón de mezclilla de buena marca, sacaba una cajetilla de cigarros un poco aplastada y un poco humedecida, al parecer por el sudor.

# 2
# EL CIGARRO "UN VICIO MORTAL"

No supe que contestar, al ver su mano estirada frente a mí con la cajetilla de cigarros un poco deformada, no tenía que pensarlo mucho, ya que recordé que necesitábamos aceptación y alianzas con las demás bandas.

Agarre la caja de cigarros y como todo un experto saque un cigarrillo que se veía más doblado que nada, y me lo puse en los labios, posteriormente le acerque la caja al chícharo con la intención de que el también agarrara un cigarro, pero se me quedo viendo con una cara de enojado y solo se limitó a mover un poco la cabeza hacia los lados como en cámara lenta, no supe si quería decir que no quería agarrar un cigarro, o quería decirme que estaba mal al iniciar a fumar.

Desgraciadamente, no me di cuenta de las consecuencias que traería ese acto que según yo hice para poder lograr la aceptación de unas personas que ni siquiera conocía, y que ni siquiera me ayudarían a realizar las metas que yo tenía trazadas, al pasar del tiempo aprendí que lo que había hecho traería repercusiones para toda mi vida, y en realidad fue en dos aspectos:

El primero, creo que está muy claro, aunque ya fumaba hasta cierto punto desde muy temprana edad, ya que mi madre siempre fumo, y cuando se encontraba platicando con alguna amiga en la sala, me decía

-Mijo, préndeme el cigarro ahí en la flama de la estufa. -

Y al prenderlo, obvio (el que fuma lo sabe, se tiene que realizar un sorbo del cigarro por así decirlo, para que pueda prender), le daba una fumadita, y sinceramente me empezó a gustar el tabaco, mi mama fumaba una marca de cigarros, muy fuerte, así que después cualquier marca que fumara, no me sabia a nada.

No critico, ya que todos somos dueños de nuestros actos, y además todo en exceso hace daño, curioso, pero he escuchado que hasta descansar en exceso hace daño, casi no lo puedo creer. (o al menos no me gustaría creerlo...)

El segundo aspecto, es el que me preocupa, y creo que más hoy en día, hacer algo, solo por aceptación, en el punto anterior, comente que todos somos dueños de nuestros actos, desgraciadamente al caer en este error, dejamos de ser dueños de nuestros actos, ya que hacemos lo que nos piden los demás, simplemente por sentirnos aceptados, por sentirnos parte de alguna cultura urbana, de alguna banda, o simplemente de alguna organización.

Al aceptar que una persona ajena a nuestra familia decida o nos obligue a hacer algo que no estamos de acuerdo, y lo hagamos solo porque ellos lo piden, ya estamos encaminados a la perdición, tenemos que entender que somos libres de nuestras decisiones, nuestra familia nos orienta, nos guía, y en algunos casos, ¿porque no decirlo?, nos piden nos piden que hagamos algunas cosas que no nos agradan del todo como por ejemplo:

Bañarnos (en lo personal, esta era la que más me molestaba que me pidieran,)

Estudiar (recordemos que es nuestra obligación y derecho, desgraciadamente a veces nos tienen que recordar nuestros padres esto).

Pero recordemos, aunque a veces no lo veamos así, es para nuestro bien, solo pongámonos a pensar que mucha gente no cuenta con los recursos para poder darse estos "lujos", a futuro, con el paso del tiempo nos daremos cuenta que lo que nuestros padres solo quieren lo mejor para nosotros.

Por el lado contrario cuando una persona ajena a nuestra familia, (o también en algunos casos, personas de nuestra misma familia), nos piden que hagamos cosas las cuales nosotros sabemos que son malas, nos lo piden para utilizarnos, para sacarnos provecho, abusar de nosotros, desgraciadamente hacernos daño física, moral y/o espiritualmente.

El cuerpo humano es tan perfecto, que cuando hay algún peligro, o cuando vamos a realizar algo malo, nos avisa, existe una pequeña voz, que algunos le llaman conciencia, yo le llamo el sentido de supervivencia, el cual te avisa, y te dice:

- No lo hagas.

- Ten cuidado.

- No hagas caso.

- ¿Estás seguro?

- Retírate.

Desgraciadamente estamos tan acostumbrados a platicar casi gritando y a escuchar música a altos niveles, que hemos dejado de escuchar esta pequeña voz de alerta.

A veces no solo basta con escuchar esta voz y retirarse, también tenemos que platicar con alguien, las situaciones donde alguien nos obliga a hacer cosas inadecuadas, ya que hay gente mala que no entiende un ¡no! como respuesta, y siguen molestando hasta lograr el objetivo de manipular nuestras actitudes o nuestros actos.

A veces hay situaciones donde ciertas cosas, nos da pena platicarlas con nuestros padres, o existen ciertos factores que nos impiden hacerlo, en estos días muchas familias son dirigidas por el padre que trabaja y la madre que también trabaja, y cuando llegan llegan cansados y no tienen tiempo de escuchar a sus hijos.

Pero si es difícil o casi imposible platicar con nuestros padres, existen algunas otras figuras que nos pueden ayudar, por ejemplo: Maestros, tíos, abuelos, prefectos, directores, o alguna persona mayor, que realmente nos inspire confianza, y que realmente nuestra conciencia (o como lo dije antes nuestro sentido de sobrevivencia) nos diga que le podemos tener confianza.

Algunas veces, esta situación tendrá que escalarse, dependiendo de la gravedad del asunto y para esto hay instituciones que nos pueden ayudar, como seguridad pública, el DIF, o algún juzgado, ya que la manipulación puede llegar a ligarse con algunos delitos, los cuales son castigados severamente.

Recuerda que "Somos dueños de nuestras acciones, y libres de realizar lo que queramos, siempre y cuando no dañemos a la gente que se encuentre a nuestro alrededor"

Esto no quiere decir que podemos hacer cosas malas, recordemos que hay leyes, hay reglamentos, y hay necesidades que debemos cubrir, un ejemplo de esto podría ser, es ilegal manejar a toda velocidad un vehículo, es mi derecho y soy dueño de mis actos, completamente de acuerdo, pero para esto hay reglamentos, que nos indican que no podemos ir a más de cierta velocidad, por cualquier avenida, y menos por cualquier calle, este punto lo establece un reglamento.

Otro ejemplo puede ser si quisiéramos tomar cosas que no son de nosotros, podemos decir que somos libres de realizar lo que nosotros queramos, ( yo mismo lo dije anteriormente),pero caemos nuevamente que hay una ley que impide y castiga el robo, ya que tomar algo que no es de nosotros y sin consentimiento de su dueño legítimo, se tipifica como robo, además de dañar a la gente que se encuentra en nuestro alrededor (también lo menciono en mi frase) terminaremos en la cárcel , si tomamos algo ajeno.

Y por último tomaremos un ejemplo ahora de necesidades por cubrir, somos libres de realizar lo que queramos, bien, entonces no quiero trabajar, se respeta, hay gente que no lo hace, y se pasa gran parte de su vida de NiNi, solo que aquí hay dos cosas, la sociedad tarde o temprano te lo reclamara, ya que es mal visto que alguien se pase su vida haraganeando, pero mientras tengas quien te mantenga, solucionaras tus necesidades de vivienda, alimentación, vestido, etcétera, pero que pasara el día de mañana que no tengas quien te siga manteniendo, ahora llegara un problema fuerte para ti, y no solo afectaras a la gente que se encuentre a tu alrededor ( como lo dije en mi frase), ya que de alguna manera tendrás que vivir, y desgraciadamente encontrar trabajo, sin experiencia es muy difícil, ya perdiste gran parte de tu vida sin hacer nada ( recordemos esto es un ejemplo) terminaras en la calle pidiendo limosna, o robando, ahora ya vimos que la libertad de tomar nuestras decisiones, tiene también su responsabilidad, y tal vez es más difícil de lo que a veces pensamos.

Ahora entiendo que si no hubiera agarrado ese cigarro y no me lo hubiera fumado, solo por caer bien o entrar a una parte de la sociedad, no hubiera caído en el vicio que más tarde me ocasiono el cigarro, si hubiera entendido el mensaje del chícharo al mover así su cabeza, si hubiera escuchado mi voz interna (nuevamente el sentido de sobrevivencia) otra cosa hubiera sido, ya que a partir de ese momento ( y otros que ocurrieron posteriormente)  vi que el cigarro era una forma de encajar en ciertos ámbitos de la sociedad.

Me prendió el cigarro, el nuevo amigo que veíamos como una oportunidad de ampliar nuestros horizontes como banda, nos dimos cuenta que si él no decía algo los que estaban con el no hablaban, era un grupo muy cerrado en realidad, conversamos dos tres cosas, las cuales fueron sin importancia, mientras yo me fumaba el cigarro, el prendió otro para él y se lo acabo mucho más rápido que yo, a lo cual le pregunte:

-Oye compadre fumas mucho-le dije con una voz seria, como si estuviera preocupado.

-Si we, fumo una caja diaria ya tengo broncas- haciendo una señal hacia el pecho.

Aunque en realidad aparentaba más edad de la que creo que tenía, al momento que decía eso, me imagine a un anciano platicando conmigo.

Sin darle tantas vueltas a esta platica, esta demás decir que el chícharo y yo no encajábamos en este grupo, así que decidimos seguir buscando, más bien yo decidí, ya que como lo comente anteriormente, el chícharo, me protegía y me seguía a donde yo fuera, era la persona más fiel que conocía hasta ese momento.

Mientras pasaban los días de clases, algunas veces entrabamos, algunas veces no, nos íbamos de cotorreo a Padre Mier, no íbamos a comprar nada, nunca traíamos dinero, solo íbamos a perder el tiempo en otro lugar que no fuera la prepa, al momento de escribir estas líneas, me pongo a pensar que los tiempos eran muy diferentes, las puertas de la prepa estaban abiertas de par en par, entraba quien quería, y quien no pues no, así de fácil, recuerdo que en esa época, los maestros no se preocupaban si faltaba alguien o no, simplemente se dedicaban a dar su clase, hablando de los maestros, no me gustaría demeritar su trabajo ni mucho menos hablar mal de alguno, pero en realidad no recuerdo a algún maestro que haya marcado algún cambio en mi vida, bueno al menos en la prepa, ya que por ejemplo y lo digo sinceramente, no recuerdo el nombre de ni un solo maestro/a de esa prepa.

# 3

# POLICIA JUDICIAL
# "UNA PROFESION DE RIESGO"

Uno de esos días que transcurrían lentamente, se decidió a platicar el chícharo, un gran día pensé yo, me comento que su papa tenía un puesto de tacos y los fines de semana le ayudaba, y que vivía por el área de la colonia Aztlán, que tenía una hermana, y que sus papas tenían un cuarto en el patio de su casa que le rentaban a una pareja de esposos recién casados, sinceramente es todo lo que se dé el hasta el día de hoy.

Al día siguiente decidimos ir a pasear a otros lugares, (nuevamente, entrabamos solo a algunas clases así que teníamos tiempo libre) y encontramos un puesto de tacos de barbacoa, y cuando estuvimos a punto de pedir, nos dimos cuenta que solo traíamos dinero para el camión, así que, en vista del éxito no obtenido, nos fuimos a la prepa a tomar clases, pero quedamos que juntaríamos dinero para poder ir a comer los tacos de barbacoa del chino (así le decían al muchacho que atendía el puesto).

Desgraciadamente los días pasaban sin que nosotros tuviéramos nuestra banda, y eso nos preocupaba, al menos a mí, de repente se me prendió el foco, había un grupo que no pasaba desapercibido, el grupo de los metálicos, ( una mezcla entre vagos, ((más que nosotros)), metaleros, anarquistas, desmadrosos, y todos  los adjetivos calificativos que les pudiéramos poner), no era el grupo modelo que quisiéramos como miembros de nuestra banda, pero eran ellos o los fósiles,( los fósiles eran personas de edad madura que se paseaban por la prepa, rogándoles o en algunos casos tratando de sobornar a los maestros para que los pasaran en la materia que habían reprobado para poder terminar la prepa, en algunos casos tenían que entrar a una que otra materia, pero se notaban demasiado por su aspecto maduro)

Tome la decisión, al siguiente día llegue con pantalón negro, una playera de un grupo de música de rock pesado, un emblema de anarquía colgando de mi cuello, a y mi arracada de plata en mi oreja, solo llegue al salón a saludar a toda mi banda ( ósea al chícharo), al verme vestido de esa forma, el chícharo, no dijo nada, solamente su rostro dibujo una leve sonrisa, y se sentó en el mesa banco, casi sentí que decía que ese día no me acompañaría, ahora creo que tal vez le dio vergüenza al verme así.

Un lunes al llegar a la prepa y después de los respectivos tacos de barbacoa de ( ya casi nuestro amigo) el chino, me di cuenta que el tratar de dejar huella teniendo una banda, no era la mejor manera, así que decidimos cambiar la estrategia, que podía hacer una banda ( con 2 miembros) dejar huella en una preparatoria con años de historia, estábamos en una situación verdaderamente difícil, ahora a mi edad, veo que nuestra preocupación en ese momento no debieron ser las bandas o dejar huella, nuestra preocupación debía ser sacar buenas calificaciones, o simplemente entrar a nuestras clases, cosas que no hacíamos.

Ese mismo día, que por casualidad estábamos en clase, escuche que uno de los compañeros tenía un familiar trabajando en la (desaparecida) policía judicial, en ese momento me imagine con lente obscuro, bota vaquera, cinto piteado, mi pistola entre el cinto y el pantalón, yo para ese entonces tenía alrededor de 15 años, y le dije al chícharo, sabes, ya tengo una idea, vamos a la judicial, nos fuimos caminando. Ya que se encontraban las oficinas como a media hora caminando, total llegamos y nadie nos hacía caso, no sé qué nos imaginábamos (al menos yo) ya que, quería ser judicial, bueno, llegamos con un señor que estaba sentado en el asiento de una moto, no tenía la finta de policía, pero le pregunte:

-Amigo, que se necesita para ser judicial- le dije en un tono como si lo conociera.

-Tener uno "tamaños "bien puestos- me dijo con un a voz muy gruesa como locutor de radio.

-Pues yo los tengo- dije bien contento como si fuera el único requisito y ya lo había cumplido.

-Pues pásenle, no crean que es así de fácil- dijo de una forma muy seria- ¿cuantos años tienen?

-Quince- conteste, era delgado, pero me veía alto, y me sentía muy maduro.

La persona de la moto resulto ser el comandante de aprensiones de la policía judicial, nos pasó a una oficina que estaba muy pegada a la calle, donde había muchos señores sentados con algunas computadoras y muchos estantes con muchísimos archivos parecían muy viejos y empolvados.

En ese momento se puso frente a un escritorio y volteo la silla y se sentó con el respaldo de la silla, hacia el frente cruzando sus brazos los descanso sobre el mismo respaldo de la silla.

-Así que quieren ser judíos-nos dijo ya más tranquilo

-Claro señor si nos da la oportunidad si-conteste muy entusiasmado.

En ese momento soltó una carcajada, y me dijo.

-No hijo, tu estas muy pollo, pero tu amigo tiene cuerpo, el si pasa como madrina, como ves te animas-pregunto con un tono de seriedad al chícharo.

El chícharo solo se limitó a decir que iba acompañándome, tal vez lo dijo porque no quiso hacerme sentir mal.

-Deme la oportunidad, deberás no me rajo- le dije tratando de hacerle sentir que mi valentía no se media por mi altura o por lo corpulento de un cuerpo.

-Mira estas bien chavo, yo no quiero broncas, sabes que eso me puede traer broncas- haciendo referencia a mi edad- tu amigo se ve macizo, no creo que ni siquiera se den cuenta que esta chavo- me dijo en una forma que hiso que la idea de ser judicial se desvaneciera para siempre.

Creo que me quede callado unos minutos, y sentí que todos los que estaban en esa oficina habían escuchado lo que me dijo ese señor, ya que sentí que todos me miraban, en ese momento llego un señor y le dice a la persona que acababa de terminar mis sueños de dejar huella en la prepa, me imagine por unos momentos llegar a la escuela empistolado, y me imaginaba que me iban a preguntar los maestros:

-Ahora porque traes pistola-me imagine al maestro diciéndome un poco asombrado.

-Que no sabe maestro, soy judicial- como si fuera tan fácil, me sentía como un niño el cual se acaba de dar cuenta que santa clous no existe.

Bueno, cuando deje de llorar internamente como todo un hombrecito de 15 años que veía perderse en la lejanía su sueño, escuche lo que le decía la persona al rompe sueños.

-Comandante, ya no vino el practicante que teníamos, ya tiene una semana que no viene, se me hace que no aguanto- lo dijo con un tono de respeto hacia esa persona que acababa de terminar con mis ideales.

En eso el señor regordete que estaba hablando volteo a verme como si supiera que yo podría ocupar ese puesto, o como si supiera que me había salvado.

-Yo le atoro, deberás, lo que sea yo lo hago- le dije con una seguridad como si supiera de que estaba hablando.

En eso el comandante se levantó de la silla y me pregunto:

-¿Estudias? -con un tono más de confianza.

-Claro comandante- le dije comandante como si fuera mi jefe, o como si ya fuera parte de la corporación.

Me pregunto mi horario de estudios y a qué horas podía ir, total ese día parecía cambiar mi suerte, ya que había logrado que de alguna forma u otra, pertenecería a la corporación, cuando quedamos en los horarios, me comento que iría solo 4 horas diarias después de la escuela, y que ayudaría al personal de archivo a lo que ellos me pidieran, si tenía que ir a traer las cocas tendría que ir, si tenía que ir a comprar los tacos, debería ir rápido, todos los mandados que ocuparan los haría yo.

-Por algo se empieza-me dijo el comandante reflejando una pequeña sonrisa, (creo que fue la única vez que lo vi sonreír)

Un IBM ( IBM a traer esto(( literal como se lee)), un mandadero, esa no era mi idea de dejar huella, esa no era mi misión en la vida, el universo esta en mi contra? Pensé ese día, cuando todo parecía ir viento en popa, ¿yo? El líder de la banda de traidor, (trayéndole las cosas al heroico departamento de archivo, dependiendo del comandante de aprensiones), eso no era lo que yo esperaba, por esos momentos que pensaba nada más en mis sueños pisoteados, no pensé en el chícharo, cuando de repente escuché.

-Ya vámonos we- con un gran entusiasmo, me dijo el chícharo.

-Neta, vale la pena, esta con madre, échale ganas, le caíste bien al comandante dicen que es bien gacho- hasta ese momento supe que el chícharo conocía a algunos judiciales, ya que eran amigos de su papa.

Ya no quise reclamarle, por qué no me había dicho eso, así hubiéramos evitado tanta bronca y hubiéramos sabido desde el principio que no nos iban a dar oportunidad más que de chacha.

Ahora, ya más tranquilo, y con (un poco más, no mucho) conocimiento, sé que ni de chiste pudiera haber sido policía judicial, ni siquiera madrina, tenía que terminar la prepa, y pasar por una academia(entrenamiento), pero esto es una prueba más de que cuando uno esta joven se quiere acabar el mundo a mordidas, y lo malo que aun sin muelas, y con esto me refiero que, sin conocimiento, uno cree que puede hacer todo.

Con el paso del tiempo, llegaba puntual a las oficinas de archivo, donde obvio no me pagaban, pero a veces me pagaban los tacos, o un refresco, (claro cuando yo iba por ellos), empecé a conocer más judiciales, claro había de todo, los que eran buena onda, los que ni siquiera te hacían ahí, y los que sabias que eran realmente casi héroes, solo les faltaban las capas, en serio conocí gente muy dedicada a su trabajo, entregada a la policía, gente muy profesional.

Los días en la prepa, pasaban lentos, el día que llegamos el chícharo y yo a las oficinas de la judicial, quería que pronto me aceptaran para traer mi pistola y decirles a todos que era judicial, en ese tiempo que estuve como mandadero, nunca dije a nadie que estaba ahí, me daba vergüenza, me decía el chícharo

-Tu diles que jalas en la judicial, nadie se va a dar cuenta que eres el que traes las cocas- nunca supe si lo decía en broma o en serio, nunca quise preguntarle ya que no quería escuchar que me dijera que era en serio.

Así pasaron los días aprendí muchas cosas, aprendí algo de dactiloscopia, el proceso de revisión de huellas, por sistema de comparación de acetatos, aprendí a tomar las huellas para posteriormente archivarlas en el sistema, aprendí algunas formas de investigación, obvio al escuchar platicas que no me correspondía escuchar, creo que aproveche el tiempo, ya que mucho de lo que aprendí, me a ayudado en algunas situaciones, cabe mencionar que con el tiempo me di cuenta que lo del practicante, fue mentira, nunca hubo un practicante en esa área, al menos en esos momentos, los que conocen sabrán que en esa área es muy difícil que alguien ajeno a la corporación entre ahí.

Después supe que la persona que le comento al comandante que yo podía cubrir al practicante que ya no estaba, le había cerrado el ojo al comandante, tratando de ser una clase de trato entre ellos para poder ayudarme, ¿la razón? En realidad, la desconozco, esa persona, que de alguna manera ayudo a que estuviera ahí, con el tiempo me platico que él había iniciado así, haciendo mandados, y que con el tiempo estudio la prepa, y tomo la academia y entro a dicho departamento, pero que fue gracias al comandante de aprensiones, si el mismo con el que platique el primer  día, él le dio la oportunidad.

En ese entonces (y aun lo sigo creyendo) aprendí, que alguna vez tenemos que regresar los favores que alguien nos a hecho, en algunos libros que he leído le llaman cadena de favores, lo bonito aquí, es regresar esos favores (u oportunidades) a otras personas, no siempre a los mismo que nos ayudaron, ya que de esta manera la cadena de favores sigue creciendo, y ayudamos a gente que realmente lo necesita, o a gente que algún día ayudara a otros que si lo necesiten.

Días posteriores al día de la confesión de mi "jefe", veía muy poco al comandante, se la pasaba más tiempo en campo que en la oficina, él decía que, si los problemas se arreglaran en las oficinas, ya no hubiera problemas, ya que había mucha gente sentada en las oficinas, creo que tenía razón, solo lo veía, cuando le entregaban alguna información o cuando realizaba algún reporte en su oficina.

Nunca tuve la oportunidad de agradecerles, ya que en esos días sentía que las cosas las hacía en automático, no veía a futuro, solo vivía el momento, y nunca pensé que lo que estaba haciendo, de alguna manera (que no entendía) me estaba haciendo madurar, tanto mental como espiritualmente, hay algo que me da vergüenza decir, nunca supe el nombre del comandante ni de mi " jefe", el personal del archivo se llamaban con apodos, y el comandante, pues era "el comandante", ya que era el único jefe de grupo con el que teníamos contacto.

Así que estas líneas referentes a la corporación de la policía judicial del estado, es una manera de reconocimiento de mi parte, ya que fueron las primeras figuras (ajenas a mi padre) que me enseñaron, la dedicación, el esfuerzo, la tenacidad, la responsabilidad, el deber, el honor, lealtad, (tal vez a veces generalizamos hablando mal de alguna institución, pero créanme, no se puede generalizar) y amistad.

Que me hicieron creer en la autoridad, me permito mencionar que con el tiempo supe por las noticias que el comandante había fallecido, por respeto y motivos personales, no menciono fechas ni hechos, solo hago mención para poder agradecer y desear que descanse en paz.

# 4

# POLICIA FEDERAL DE CAMINOS

Mientras los días pasaban entre las "clases" de la prepa, y mi "trabajo" de judicial, me seguía sintiendo insatisfecho, ya que no podía dejar que supieran que era el de los mandados en la judicial, así que sentía que aún no dejaba huella en la prepa, el chícharo, me veía como si me faltara algo, él sabía que yo no me sentía satisfecho con lo que hacía.

Ese día al estar en la cafeta, (como le decíamos a la cafetería) comiéndonos un chilidog, durante nuestra hora de descanso (que duraba más o menos como 3 o 4 horas, para nosotros) me dijo.

-Oye we, ¿y qué onda?, ¿le vas a seguir ahí?, o le vas a buscar por otro lado-, me quede pensando, tal vez el, algo sabía que yo no.

- ¿Buscar por otro lado?, ¿a qué te refieres? - le contesté un poco intrigado, así como si el tuviera la solución, otra vez sentí un poco de molestia, al imaginarme que el chícharo tenía la solución y no me la había dicho, se veía tan seguro de lo que decía, que por poco pensé que ya estaba planeando algo bueno.

-¿No quieres ser Federal?-me quede callado, mis ideas dieron un giro tremendo, sentí como si todos se movieran en cámara lenta, como si el mundo se detenía poco a poco, hasta quedar inmóvil, mendigo chícharo, el tenia las soluciones más acertadas( al menos eso pensaba al momento que las decía, aunque después terminara haciendo mandados llevándole cocas a señores gordos sentados frente a un escritorio, ojeando papelería con manchas de tinta ( huellas dactilares),nunca me puse a pensar en ese momento porque el chícharo tenia ideas para mí, y no para él,

¿Le gustaba verme sufrir?

¿Realmente quería ayudarme? Me inclino más por esta idea, como lo dije él fue una de las personas más leales a mí, hasta el día de hoy.

¿No tenía otra cosa que hacer?

Tenía muy buenas ideas, pero ¿le daba miedo a él, intentarlas?

O simplemente ¿se divertía experimentando conmigo?

Lo cierto es que gran parte de la experiencia vivida en la época de la prepa, se la debo al gran chícharo, esa persona noble, de grandes ideas, pero a la vez, serio y un poco introvertido, como si guardara un secreto (el cual nunca comento, o tal vez en realidad nunca tuvo).

Ese mismo día, decidimos ir a las oficinas de la Policía Federal de Caminos, localizada también, como a media hora caminando de la prepa, mientras caminábamos, (como dije anteriormente, el dinero estaba un poco escaso y en realidad nos gustaba hacer ejercicio ((si nos gastábamos el dinero del camión de regreso a nuestras casas caminaríamos mas)).

Por fin llegamos al estacionamiento de la policía Federal ( creo que ese día se nos agregó un miembro a la banda, alguien del mismo estilo de nosotros ya que recuerdo que éramos tres los que habíamos ido, no recuerdo quien era, ya que solo unos días estuvo en nuestra "banda" por tal motivo, de antemano pido una disculpa por no haber hecho mención de él, ya que no recuerdo su nombre), por cierto ese día no fui a mi "trabajo en la oficina" de la judicial, ya que iría a mi nuevo "trabajo", ahí estaba un policía que se veía, imponente con su uniforme, pantalón color café claro, camisa verde militar, corbata del mismo color del pantalón y gorro verde, el solo hecho de verlo, te imponía respeto, se encontraba recargado en una moto, de color negro con blanco, con un logotipo de la corporación en el tanque de la gasolina ( creo, ya que no conozco mucho de motos).

-¿Que tal comandante? - lo salude de una forma como si fuéramos colegas, recuerden que en ese momento "trabajaba" en la policía judicial.

-¿Que andan haciendo muchachos? - nos preguntó de una forma amigable y sincera, (seria suerte, pero en esos días a dónde íbamos nos topábamos con gente amigable y que nos trataban bien).

-Queremos ser federales- dije con seguridad, en ese momento sentí las miradas directas hacia mí, de mis acompañantes, tal vez hablé por ellos, pero creí que por eso me acompañaban, pero en ese momento me di cuenta que estaba solo nuevamente.

-Ja Ja Ja- rio a carcajadas, sentí que no era burla, se reía sinceramente, como si acabara de escuchar un chiste, como si le estuvieran haciendo cosquillas.

-Oficial-Dije en forma enérgica tratando de hacer que dejara de reír, ya que me dio un poco de coraje que se riera de mi (sinceramente al escribir estas líneas me estoy riendo, ya que, si sonaba ilógico y de risa que unos preparatorianos, jugaran a ser federales).

-No se ría- le dije muy serio ya que no dejaba de reír,

-Soy policía judicial, pero quiero ser federal- en ese momento dejo de reír aquel policía que al principio me inspiraba respeto, ahora solo me daba coraje.

Pensé que, si le decía eso, pensaría, que, si podía ser federal, pero en ese momento dejo de recargarse en la moto, y se acercó hacia mí y me dijo muy serio:

-Mira hijo, estas muy chavo no creo que seas policía, ni mucho menos pienso que tengas edad para serlo- parecía que el ataque de risa se le había quitado de repente.

Me limite a decirle, que, en realidad, solo conocía a policías judiciales y que sabía cómo trabajar como ellos que había aprendido algo con ellos, pero no le dije que era mandadero de ellos y por eso los conocía.

-Además estas chaparro la estatura mínima es de 1,70mts, y tú no alcanzas- con eso sentí que mi sueño ocasional (recordemos que yo no tenía ni idea de ser federal, antes de que el chícharo lo comentara), se venia abajo.

Creo que vio que me hiso sentir mal con lo que me dijo, o creo que, al ser policía federal, tenía un poder sobre humano, y podía saber que la gente estaba triste con solo verla a los ojos, o leer la mente para saber que mis sueños de ser una banda que dejara huella en la prepa, acaban de terminar para mí, ¿sería eso? O las lágrimas que corrían por mis mejillas, ¡no!, definitivamente ese policía tenía un poder sobrenatural.

En ese momento estuve a punto (como todo hombre que acepta que perdió, de la forma más madura) salir corriendo y renunciar a toda esperanza de dejar huella, cuando de repente, como premio de consolación, me dijo el oficial:

-Quieres una vuelta en la moto? - yo creo que no fueron solo dos lagrimas las que se me salieron, creo que fueron más, como para que me hubiera dicho eso.

-Si- dije secándome las 2 lagrimas, con la manga de la camisa (pero como que esas dos lagrimas eran muy grandes porque me mojé toda la manga de la camisa).

-Súbete-Me dijo al momento que se subía el a la moto y me indicaba con la mano que me sentara detrás de él,

Ya cuando estábamos arriba, me dijo agárrate bien, lo primero que pensé de donde, si lo abrazaba me iba a ver muy raro frente a mi banda (la cual tenía un nuevo elemento), así que me agarré de la parte trasera de la moto, que en realidad no supe que era.

En ese momento de un movimiento fuerte con el pie derecho, prendió aquella moto, con un ruido tan fuerte que no alcance a escuchar a los miembros de mi banda que gritaban contentos, en ese momento salimos del estacionamiento y dimos vuelta por una avenida, para enfilarnos hacia una de las avenidas más congestionadas de la ciudad, ( hoy en día, está igual de congestionada, o más, en horas pico), al tomar la avenida, prendió la sirena de la moto, en ese momento sentí como la piel se me ponía de gallina, y el estómago se me revolvía como si estuviera en la montaña rusa del parque de diversiones más grande de estados unidos ( nunca he  ido a estados unidos, ni nunca me he subido a una montaña rusa, pero me imagino que así se siente), que recuerdo que grite,

-Dele más fuerte- en realidad la velocidad en la que iba era muy lenta, y no se si no me escucho o simplemente decidió no acelerar, pero la velocidad de aquella moto policiaca, no se incrementó.

# 5

# LA CENTRAL DE BOMBEROS

En ese momento, sin saber porque lo hice voltee hacia mi lado derecho, y vi lo que nunca antes había visto en mi vida, ni siquiera imaginado, unos camiones de bomberos, era una estación de bomberos, y no cualquier estación, era la central de bomberos, alcance a ver varios camiones, ya que la velocidad a la que íbamos no era mucha.

De repente se escuchó otra sirena más fuerte, a lo que mi chofer ( el policía federal) redujo aún más la velocidad de la motocicleta, la sirena que se escuchó parecía provenir de la central de bomberos pero no alcanzaba a distinguir ningún camión encendido, la velocidad de la motocicleta se redujo tanto que alcanzo a detenerse completamente, como tapando la circulación de un carril de la avenida, y mi "chofer" sin bajarse de la motocicleta, hacia una indicación con su mano a los conductores de los vehículos que venían detrás de el, como diciéndoles que se detuvieran para algo.

Aproveche la situación para poder buscar de dónde provenía el ruido que le ganaba a la sirena de la moto, pero desgraciadamente no lo logre, mas sin embargo lo que logre, fue ver que cerca de donde estaban los camiones de bomberos estacionados.

Algunas, personas corrían hacia el camión de bomberos que se encontraba estacionado en la rampa junto a otros camiones, y se ponían unas ropas que estaban junto al camión (no es que fueran sin ropa, era su equipo de protección personal, el que se ponían sobre su uniforme), en eso vi a dos personas que corrían hacia la cabina de una máquina de bomberos, ellos sin equipo solo con aquel uniforme que aún recuerdo, camisa celeste, pantalón azul, y algunos escudos que no alcanzaba a distinguir, pero eran de color rojo.

Espero no exagerar, pero creo que pasaron (no traía reloj, ni mucho menos cronometro para tener una exactitud del tiempo) unos 4 o 5 minutos desde que sonó la sirena, cuando la máquina de bomberos pasaba junto a nosotros, al escribir esto, creo que se detiene el tiempo y vuelven a mi esas imágenes, ya que recuerdo que las personas que vi que se ponían su equipo, iban parados detrás de la cabina eran 3 personas( ahora si los alcanzaba a ver bien) los cuales aún iban acomodándose su equipo, por ejemplo vi uno que se acomodaba el cinto de la barbilla el cual colgaba de su casco, y vi otro que se ponía unos guantes, me imagine que traían imanes en las botas, ya que ni siquiera se agarraban de nada, mientras el camión se movía ellos seguían acomodándose el equipo, esos hombres tenían su mirada fija hacia el frente, yo creo que ni siquiera se dieron cuenta que estábamos ahí.

Aún recuerdo el número de esa máquina grabado  en uno de los lados (el que alcanzaba a ver) la maquina en color rojo, y el número 23, en color amarillo, la cabina no tenía parecido con nada que había visto antes, nunca había visto un vehículo similar a ese, no se parecía a nada que hubiera visto antes, las luces que parpadeaban, parecía que me hipnotizaban, no podía dejar de ver ese camión, en ese momento encendió también su sirena, y parecía una música celestial para mí, el escuchar las 3 sirenas al mismo tiempo, vi alejarse el camión hasta que desapareció de mi vista.

No me di cuenta cuando la sirena de la estación de bomberos dejo de sonar, ni mucho menos cuando empezamos a movernos nuevamente en la motocicleta, dio vuelta hacia la derecha y en menos de 5 minutos ya estábamos nuevamente en el estacionamiento de la corporación, donde estaban mis amigos, ( el chícharo y el nuevo miembro de la banda),quienes estaban contentos riéndose como si estuvieran en una fiesta llena de payasos, para ellos creo que no pasaron más de 15 minutos, los que estuvieron esperándome, pero para mí, fue una experiencia que al día de hoy no he olvidado, y espero nunca olvidar.

Desperté de ese sueño, cuando el policía me dijo:

-Ya puedes dejar de abrazarme - sin darme, cuenta lo había abrazado de la cintura, (no se si por miedo o por emoción) y era por eso que mi banda se estaba riendo de mí, precisamente fue lo primero que quise evitar, pero fue lo que termine haciendo, abrazando a un policía.

No dije nada, solo lo solté de la cintura (deje de abrazar) y me baje de la moto mientras él me decía que era todo lo que podía hacer por mí, que ojala me hubiera ayudado a cumplir un poco mi sueño al pasearme en su motocicleta de cargo, sin saberlo, el acababa de ayudarme a encontrar una razón con la cual podía dejar huella, pero sinceramente, a partir de ese preciso momento, me olvide de la idea de dejar huella y nacieron en mí, una serie de pensamientos muy diferentes, tal vez, el viaje en moto me hiso madurar, tal vez fue la adrenalina de las sirenas, o tal vez solo tal vez, acababa de encontrar mi vocación de servicio, SER BOMBERO.


Como aún era temprano, le dije a mi banda:

-Bueno pues ya valió-, pero lo dije con una sonrisa que más que tristeza por haber perdido otra oportunidad de dejar huella, era una sonrisa de gran alegría, porque ya había encontrado una oportunidad, y no de dejar huella, sino de seguir sintiendo ese dolor en el estómago y esa piel de gallina, que sentí al ver la máquina de bomberos salir ( no se a dónde y no sé a qué, es más creo que con lo rápido que salieron a equiparse, me imagino que los 3 bomberos que iban atrás de la cabina, tampoco lo sabían, creo que solo los de la cabina sabían a donde iban), los dos miembros de mi banda no contestaron, solo esperaron a que dijera que seguía.

-Vamos a la estación de bomberos, creo que ya sé que vamos a hacer-les dije, con tanto entusiasmo, que olvide la idea de dejar huella en la preparatoria, lo único que estaba en mi mente, era volver a sentir esa adrenalina, esa piel de gallina, ese dolor o malestar en el estómago, quería estar sobre ese camión de bomberos, quería saber que hacían ( sinceramente, no fui el típico niño que quería ser bombero, nunca soñé eso, es más, nunca supe cuál era la labor de un bombero, antes de estos hechos).

Tal vez algunos niños fueron llevados por sus escuelas a alguna estación de bomberos para conocer la noble labor de estos héroes, pero tal vez por el nivel del colegio donde estuve ( bueno para ser sincero estuve en una escuela, donde los salones eran improvisados dentro de casas de padres de algunos alumnos, de hecho puedo presumir que la escuela donde estuve, fue una de las más grandes de monterrey(( en su época)) ya que el salón de primer año estaba en una cuadra, el de segundo en otra, el de tercero en otra, y así sucesivamente) era muy difícil realizar este tipo de eventos.

Y afortunadamente nunca estuve cerca de alguna situación donde se viera involucrada la acción de los bomberos, creo que por eso antes de este día, nunca había tenido ese sentimiento.

Al ir caminando los tres miembros de la banda, hacia la estación de bomberos, creo que ellos platicaron algo (al parecer se iban burlando de como abracé al

Policía,) pero en realidad ni caso les hice, ya que estaba enfocado a mi gran nueva aventura.

# 6

# VISITA A LA CENTRAL DE BOMBEROS

Al llegar mis amigos se encargaron de preguntar con quién podíamos hablar, mientras yo admiraba los camiones de bomberos, y el equipo que tenían colgado en una de las columnas, sin querer, ya me encontraba casi junto a un camión de bomberos, el cual tenía el número 23 en la cabina (ese número estuvo dando vueltas en mi cabeza todo el camino desde la oficina de la corporación de la policía hasta la estación de bomberos).

Sinceramente no sé cuánto tiempo paso, ni donde estaban mis compañeros, solo me interesaba la maquina 23.

En ese momento se escuchó un ruido que era un poco raro para mí, una chicharra como las que tocan en las escuelas para salir al recreo, (bueno, en las escuelas normales, ya que como lo dije mi época de escuela fue muy diferente, ¡imaginarme como tocarían ese timbre en varias cuadras de una colonia, me da risa aun el día de hoy.), algo raro paso, ya que ese timbre no me distrajo de lo que hacía (admirar la maquina 23).

En ese momento, 3 personas salieron corriendo junto a mí, como si no estuviera, comenzaron a ponerse su equipo de protección de bombero, los veía asombrado, talvez un poco asustado, ya que uno de ellos, se ponía su equipo, mientras me miraba con una sonrisa, como si me conociera, como si fuera alguien a quien no veía desde hace mucho tiempo (podría decir que con ternura, pero tal vez me escucharía mal), de repente dos personas ( uniformados de bomberos) venían caminando a paso acelerado, murmurando una dirección, no escuche, aún recuerdo a esas dos personas, uno era un señor de edad madura, cabello blanco, tenía un semblante muy serio, caminaba con porte militar, muy firme, de hecho pensé que era un militar, pero al ver el uniforme vi que decía bomberos, ( y obviamente no traía uniforme militar) esa persona imponía, y la persona que venía junto a el, era más joven, un poco más desesperado, traía algo en las manos como un libro rojo ( después supe que era una guía para ayudarse a encontrar las calles), al momento que pasan junto a mí, la persona con porte militar me saluda,

-Buenas tardes, ¿qué tal?, con una seguridad y una fuerte voz que me saco del trance en que estaba, al ver la acción.

- Buenas- conteste con un tono que casi estoy seguro que ni alcanzo a escuchar.

En ese momento, la persona que venía junto a él, que al parecer ni me había visto, volteo a verme, y sonrió, no dijo nada, solo un movimiento con su mano sobre mi cabeza como despeinándome, (como si fuera un saludo), en ese preciso momento, se escuchó aquella sirena que hacia vibrar mis entrañas, y latir mi corazón a una velocidad que sentía que se me cerraba la garganta, la piel se me puso como gallina, pero ese sonido no salía de la máquina que estaba frente a mí, salía de una especie de bocina (en realidad nunca la vi de cerca pero sé que era una sirena de aire) que estaba sobre una torre muy alta, en la parte trasera de la estación, seguido de esto, la persona que me acababa de despeinar, se subió a la cabina y se sentó frente al volante al mismo tiempo, ( casi en automático) se puso el cinturón de seguridad, y encendió el camión, mientras la persona de porte militar hablaba por radio sentado desde el asiento del copiloto.

Mientras uno a uno, los bomberos que estaban poniéndose el equipo, solo a unos pasos de donde yo estaba, fueron subiendo a la unidad, y como si estuvieran programados, al momento que subió completamente el ultimo bombero a la unidad, esta, avanzo, y se escuchó la sirena, al mismo tiempo que encendían esas luces parpadeantes, que parecían (de hecho, aún al día de hoy) hipnotizarme.

Por un momento me olvide de mis amigos, quienes para entonces ya habían pasado a la oficina y habían pedido informes, mientras yo con la mirada seguía a la unidad que, salia de la central de bomberos, hacia algún lugar donde ocupaban la presencia de esos héroes.

*"Al escribir estas notas, muchos recuerdos vuelven a mi cabeza, y me hacen sentir un poco raro, no sé si es alegría al recordar estos momentos, o tal vez tristeza porque sé que muy difícilmente regresaran esos momentos, o tal vez es la mezcla de estas emociones que en realidad me hacen sentir algo que creo o al menos no recuerdo, haberlo sentido jamás"*

En eso llego el chícharo hasta donde estaba, junto con el otro miembro de nuestra casi derrumbada banda, y me dice:

-Ya quedo we, ya nos dieron los requisitos- no lo vi a la cara, así que no puedo decir si estaba contento o triste, tampoco recuerdo el tono de voz, en ese momento lo único que pasaba por mi mente era la imagen del camión de bomberos que había salido "La máquina 23".


-Vámonos, - dijo en tono fuerte, como queriéndome sacar de ese momento hipnótico.

-Ta bueno, vámonos, - nos encaminamos hacia la avenida principal, y qué onda que les dijeron.

-Nos pidieron varios requisitos, - ahora si lo note un poco triste.

-Pues dilos, -le dije muy entusiasmado.

-Acta de nacimiento original y copia-pensé entre mí, ya fregué esa si la tengo.

-Comprobante de que estemos estudiando, - casi reía, dije, "ya estoy adentro, todo es fácil-

-Comprobante de domicilio- Dijo el chícharo, era fácil, nuevamente pensé....

En ese momento el chícharo hiso una pausa, que casi me asusto, de hecho, pensé que había pasado algo, cabe mencionar que veníamos platicando, pero yo no lo veía viendo, en mi mente seguían las imágenes del camión de bomberos, y de los equipos que se habían puesto esos bomberos.

-Tienes que ser mayor de 18 años- lo dijo con una sincera tristeza, como si supiera que me había destrozado el sueño que había tenido toda, la mañana (no puedo echar mentiras), detuve la marcha, casi no podía creer lo que acababa de escuchar.

- Pero eso no es todo- dijo con un poco de alegría, yo casi no lo escuchaba, lloraba por dentro (y por fuera creo)

-Dicen, que si eres menor de edad puedes traer una carta de tus papas, donde te dan autorización, y con esa la haces- ya la hicimos pensé, pero nuestra alegría no duro mucho, ya que pensé que mi papa jamás me firmaría algo donde pondría en riesgo mi integridad, y el chícharo creo que pensó lo mismo ya que también lo vi serio, el otro chavo que nos acompañaba, creo que no supo ni qué onda, ya que no comento nada.

No supe con quién hablaron y tampoco supe a quién teníamos que llevar la información, ni me intereso la información, ya que casi estaba seguro que no regresaría.

# 7

# GIMNASIO "GRATIS"

Al regresar a la prepa, en realidad no quería saber nada, de las clases, así que nos quedamos en la cafeta, en esos momentos escuche el nombre de uno de los gimnasios conocidos en la ciudad, pero se escuchó como si le gritaban a alguien y en ese momento se escuchó:

-Que rollo? - relacione su apellido con el nombre del gimnasio, y sin pensarlo le pregunte,

-Tu papa es el dueño del gimnasio? Le pregunte como si fuera la única familia en el mundo que tenía ese apellido.

-Si – me dijo en un tono como sacado de onda, por mi pregunta.

-Invítame yo quiero hacer ejercicio- le dije sin miedo a una respuesta negativa.

-Si cuando quieras ir, yo voy todos los días después de las 2:00,- preguntas por mí en la entrada.

Curiosamente era la primera vez que lo veía en la prepa, no sabía cómo se llamaba y ya había arreglado ir al gimnasio con él, después supe que su apodo era (o es al día de hoy), CHE-CHE, de hecho, Che Che, sigue sacándome de algunas broncas en las que me he metido, y es una de las personas, que puedo considerar amigo, cuando lo he necesitado a estado ahí, aun y sin tener oportunidad de vernos, alguna llamada, hace que se aparezca si estoy en problemas.

Al día de hoy él es la única persona de la época de la prepa, con la que he tenido contacto, por eso me atrevo a decir, que los amigos traspasan las etapas de la vida, a veces los que creemos nuestros amigos, desaparecen cuando tenemos algún problema, o simplemente nos utilizan para cierto propósito y se olvidan de nosotros.

Un verdadero amigo, sabe orientarte, un verdadero amigo no te obliga a hacer cosas que tu no quieres, yo recuerdo que cuando coincidíamos en alguna reunión, el chícharo y el Che Che, nunca aceptaban una cerveza o un cigarro, por más que le insistieran, ( desgraciadamente yo caía a la primera, y más si eran gratis) ellos siempre tuvieron una conducta intachable, y creo que su amistad y su forma de ser me ayudaron  mucho a ser lo que soy el día de hoy, ya que como lo dice un viejo y conocido refrán, " Dime con quién andas y te diré quién eres".

Esto se refiere a que reflejamos lo que nuestras amistades son, si nuestros amigos son malos, borrachos y fuman, nosotros seremos, iguales, hay que aclarar que esto no es ley, hay gente que se junta con gente mala, y no pierden sus principios, tenemos que aferrarnos a nuestros valores y principios, para poder no caer en las malas tentaciones.

Ese día tenía que hablar con papa para que me firmara la carta para pertenecer al cuerpo de bomberos, y tenía que ir al gimnasio, no podía desaprovechar la oportunidad de ir a un gimnasio gratis, ya que si cobraban no hubiera tenido oportunidad de ir nunca, al chícharo no le llamo la atención ir al gimnasio, se despidió de mi como siempre, y quedamos de vernos al día siguiente, que por cierto era viernes.

Recuerdo que ese día tuve que ir a mi casa, por ropa apropiada para el gimnasio, en mi casa no había nadie, mi madre había muerto un par de años antes y mi padre trabajaba en turnos rotativos, mi hermana estudiaba la facultad, así que nunca sabía quién iba a estar en la casa.

Llegue a mi recamara y abrí el cajón donde tenía mis artículos deportivos, (ósea un short, y una playera, era lo único que tenía ese cajón) gracias a eso no tuve que perder tiempo eligiendo que escoger, ya que tenía que regresar rápido al gimnasio antes de que llegara mi nuevo amigo, ya que como no sabía cómo se llamaba, como iba a preguntar por él

Llegue al gimnasio 10 minutos antes de lo que me dijo el Che Che, en eso vi a lo lejos que llegaba, lo salude, y me indico con su mano que pasara, en la entrada se encontraba su papa y su tío, quienes me dieron la bienvenida, y me ofrecieron entrar al gimnasio los días y en el horario que yo quisiera.

Me dijo che che:

-Cámbiate de ropa- indicándome los vestidores, el ya venía vestido deportivamente, y al verme en mezclilla supo que tenía que cambiarme, su papa me entrego un casillero para que dejara mis cosas.

Creo que no tengo que mencionar que mi origen siempre ha sido humilde, (económicamente,), así que lo que paso a continuación, no fue más que el pago de una factura por no tener dinero(irónicamente) aunque sinceramente hoy recuerdo ese momento y me da risa.

Al terminar de cambiarme me dirigí, al área de aparatos, donde estaba el che che, cuando escuche algunas risas, pero como estaba muy contento no hice caso, llegue hasta donde estaba che che, quien me miraba con una sonrisa en su cara (no de burla, más bien podría decir de lastima).

Sinceramente no había notado porque se reían de mí, al verme al espejo, note que el short que traía no era muy indicado para un gimnasio, y que traía zapatos de vestir con calcetines, en lugar de tenis y calcetones, y una playera con el logotipo de un partido político.

Al ver a toda la gente en el gimnasio, con ropa adecuada, y yo así, quería que me tragara la tierra para que nadie me viera, pero en ese momento, che che, me agarro el hombro y me dijo:

-Qué quieres hacer primero? - como si no le importara que mi ropa no fuera la adecuada, es más, aparentaba que ni siquiera se había dado cuenta de esto, le dije:

-No sé ni qué onda, tu dime que hago y yo lo hago-

Me comento que ese día le tocaba hacer pierna, y que le gustaría que hiciéramos lo mismo juntos, para poder ayudarnos uno al otro al realizar cada uno de los ejercicios, así que accedí a hacer pierna.

Mientras nos ejercitábamos, vi que a lo lejos había un cuadrilátero (de esos que había visto en las películas de luchadores o en los programas de deportes), donde unas personas entrenaban lucha libre, le dije al Che Che que si podíamos ver y solamente se dirigió caminando hacia donde estaban entrenando como diciéndome que no había ningún problema por verlos, al fin y al cabo el gimnasio era de su papa, que le podían decir al hijo del dueño y a su nuevo amigo.

Le pregunte que, si yo podía entrenar lucha libre, y me comento que sí, que hablara con el entrenador la siguiente semana, pero que por su parte no había problema

Cabe mencionar que siempre desde muy pequeño me gustaba ver pelear a los luchadores en la television, de hecho, tengo una anécdota muy gravada que hiso que dejara de ver la lucha en la televisión, recuerdo que tenía mi cuarto lleno de posters de luchadores, y después de este evento los retire y tire a la basura todos los posters.

*Había una promoción con una marca de refrescos en la tapa rosca te podía salir una entrada gratis para un espectáculo de la lucha libre, por suerte me salió la tapa rosca ganadora, así que le platique a mi abuelo, y le dije que no tenía quien me llevara, ya que no podía salir aun tan tarde, y me dijo andas de suerte tu tío y tía, van a ir a ver esa lucha, y quedamos que me iban a llevar, curiosamente horas antes del evento me dijeron que siempre no irían, sin ninguna explicación, al día siguiente, me pregunto mi abuelo que porque no fui con mis tíos a la lucha, le explique que me habían dicho que no irían.*

*Cuando me dijo que si habían ido no le creí, pero los argumentos que me dio fueron muy buenos así que termine por creerle, me dijo:*

*-No te apures hijo – dijo entre risas como haciéndome cómplice de lo que me iba a platicar- no te perdiste de nada, al bajarse del camión tu tío se fracturo el tobillo antes de entrar a la lucha, lo tuvieron que atender en la cruz roja y le enyesaron el tobillo, y además ya no pudieron ver nada, ya que no podía caminar.*

Podríamos decir que el que obra mal le va mal, pero bueno, ese fue uno de los motivos por los cuales deje de ver la lucha libre, fue uno de los traumas de mi niñez, el engaño y la hipocresía, deben de estar erradicados de la humanidad, no podemos vivir con personas así, por ejemplo, en este caso la verdad salió a la luz muy pronto, pero tarde o temprano en todos los casos la verdad flota, y es muy triste darse cuenta que uno ha sido engañado.

Bueno, ese día en el gimnasio, termino bien, me dijo Che Che que, si me quería bañar, que pasara a las regaderas, obviamente, ni siquiera traía toalla, así que le dije que muchas gracias, pero así me iría, sin bañarme y sudado y en la hora donde más se llenaban los camiones (sin mencionar que me encontraba en pleno desarrollo) no quiero ni recordar a que olía, me daba vergüenza, pero estaba orgulloso porque había ido al gimnasio y que no me había costado nada.

No recordaba que tenía que hablar con mi padre para que me firmara la carta de consentimiento para poder lograr ingresar al heroico cuerpo de bomberos, así que al recordar esto, mi sonrisa fue desapareciendo poco a poco hasta quedar totalmente como una cara triste.

# 8

# PAPA ¡QUIERO SER BOMBERO ¡

Al llegar a mi casa, antes de entrar pedía que no estuviera mi padre, cuál fue mi sorpresa que al abrir la puerta ahí estaba el, sentado frente al televisor, siempre respete, he respetado y respetare a mi padre, pero esa época era de rebeldía, era de tratar de ganar la lucha por ser el macho alfa de la casa, así que no podía mostrar debilidad ante él, al pedirle las cosas, así que no lo pensé más y sin mediar palabra (ni siquiera un saludo) le dije:

-Papa, quiero ser bombero y necesito que me firmes una carta para poder ingresar porque soy menor de edad-le dije casi sin agarrar aire para respirar, sentía que, si no le decía eso rápido, jamás se lo diría, total, tenía que decirle algún día.

-Que dijiste? - me pregunto cómo asustado, como si no me hubiera entendido, pero con esa cara de que quería que no fuera cierto lo que dije,

-Si quiero ser bombero, más bien voy a ser bombero-le dije en un tono un poco más fuerte de lo que él me hablo.

-Solo tienes que firmar una carta- le dije un poco más tranquilo.

- Vas a dejar de estudiar?, eso es lo que quieres decir, - me pregunto aún más enojado.

No me había puesto a pensar en eso, no preguntamos horarios, no preguntamos nada, es más yo no hice nada más que ver la maquina 23.

También es importante mencionar que papa nunca supo que estaba en la ministerial, ayudándoles con los mandados, (¿por cierto, ahora a qué horas iba a ir?).

Creo que ese día tuve una de las discusiones más fuertes que he tenido con papa (algunos meses más tarde tuve otra discusión muy similar, con el).

-

Cuanto te van a pagar-otra pregunta que me dolió, ya que hasta ese momento no había pensado en el dinero, y mucho menos creo que el chícharo hubiera preguntado.

-No lo hago por el dinero- le dije muy seguro de mí mismo.


- Piénsalo por favor papa, quiero hacerlo, alguien tiene que hacerlo-le dije con una voz más tranquila.

-Si tu no lo haces, alguien más lo hará-creo que esa fue la gota que derramo el vaso.

-Si todos pensáramos como tu nadie haría nada, estaríamos jodidos- agarre mis cosas y me retire a mi cuarto casi llorando de coraje, y avente la puerta lo más fuerte que pude, tratando de imponer mi autoridad.

Esa noche batalle en dormir, no sabía que haría el día siguiente, no tenía la carta firmada por papa, no tenía tenis, no tenía toalla, en fin, el siguiente día no pintaba bien.

Durante la madrugada, revise los cajones de la papelería de la casa, y tome los papeles que me pedían adicionalmente en bomberos.

Al llegar a la prepa, como siempre temprano, le pregunte al chícharo sobre que le había dicho su papa, a lo que me dijo:

- ¿Ni le pregunte-me dijo como un poco desanimado, -tu qué onda? -

-Pues mal, pero no te apures, ahorita lo arreglo. -

En eso iba entrando un profesor que platicaba mucho con nosotros, (en realidad no recuerdo ni su nombre, es más ni sabía que materia daba).

-Maestro, tengo un problema necesito de su ayuda- le dije con los ojos casi llorando con cara de gato triste.

Después de explicarle todo, lo único a lo que se limitó a decir:

-Me debes una botella, nada más que si pasa algo a mí no me metas-

-

Después de que me entrego la carta firmada, le pregunte porque me había ayudado y me dijo:

 Los padres solemos cometer errores, y truncar los sueños de nuestros hijos, a veces por capricho o a veces por miedo a perderlos, pero desgraciadamente, evitamos que crezcan, y lleguen a ser lo que ellos quieran, tenemos que recordar que tienen vida propia y sus propios sueños, yo quise ser marino, y mis papas nunca me dejaron, nunca sabré, si me pudo haber ido mejor, o tal vez peor, pero yo quería vivirlo, y no hacer lo que ellos querían que fuera, tu no dejes pasar tus sueños, la vida es corta, ve y se bombero.

Recuerdo que después de entregarme la carta, me tope al che che, quien me dijo que no iría ese día al gimnasio, pero que sin problema podía ir yo solo, le comente que tenía que hacer unos trámites que estaba mejor, así aprovecharía el tiempo para ir a bomberos.

No recuerdo porque, pero ese día el chícharo no me acompaño a la estación de bomberos.

Llegue a la base de radio que estaba junto al estacionamiento de los camiones, donde estaba un bombero sentado frente a los teléfonos, como ya sabía los rangos (los aprendí en la judicial), al preguntarme con quien iba, le dije que, con el comandante, en ese momento escuche una voz muy grave y fuerte atrás de mí:

-Pásale muchacho- estaba parado junto a una puerta que daba a su oficina, ahí mismo en la central de radio.

Lo vi por primera vez, pantalón azul, camisa blanca, con logotipos de bomberos, y una gorra tipo tránsito en color azul, su cara se veía marcada de arrugas como si fueran marcas de guerra, del tiempo en el combate vs incendios, su simple presencia imponía autoridad, era el Comandante Lucio Zapata Tello.

-Siéntate- ofreciéndome la silla con su mano, mientras él se sentaba detrás del escritorio,

Durante un momento me quede observando la oficina, y algo que más me llamo la atención, unas fotografías de 3 personas con uniforme de bombero, esas fotografías no se veían nuevas, de hecho, estaban a blanco y negro lo que más me llamo la atención es que en la parte de debajo de la foto había unas fechas con

-

una cruz, no quise preguntar nada, y el comandante se quedaba callado como dándome oportunidad de que observara las fotos, de repente escuche que me el comandante me hablaba:

-Es un trabajo difícil, - me dijo en un tono de tristeza.

 Las fotos son de compañeros caídos en acción, y el tenerlos aquí es una forma de honrarlos-me dijo ya con un tono de amistad, como inspirándome confianza.

-¿Traes papelería?, me pregunto mientras señalaba el legajo que había sacado de mi casa durante la madrugada con la papelería que me pedían, y la carta falsificada que me había dado mi maestro de la prepa.

-Si comandante- dije mientras le entregaba la papelería.

Al revisarla, me dice:

-Estas bien chavo, yo también empecé chavo, cuando la estación estaba en la avenida Juárez, yo iba a trabajar en ferrocarriles como mi familia, pero me gusto ayudarle a los demás, y desde ahí me gusto ser bombero.

-Yo le doy seguimiento al trámite de tu papelería, solo faltarían unas fotos con el uniforme puesto, para darte tu credencial como voluntario-nunca había escuchado eso, de hecho, nunca pensé que pagaran en bomberos, creí que todos eran voluntarios, es más sinceramente, nunca pensé recibir dinero a cambio de ayudar a los demás.

# 9
# YA ERES PARTE DEL EQUIPO

-Pasa a la guardia (área donde estaban los teléfonos y el radio operador) y espera al capitán de turno para que te presente al equipo-

Me dijo en una forma muy agradable, y agarrándome el hombro me llevo hasta la puerta de su oficina, y casi al salir se inclina un poco hacia mí, y me dijo.

-Te salió bien la firma de tu papa, échale ganas, no me gustaría tener tu foto en mi oficina- haciendo alusión a los compañeros caídos en acción.

- ¿Comandante, pero cuando puedo empezar?,

-Cuando quieras, ya eres parte del Heroico Cuerpo de Bomberos.

Le dio algunas indicaciones al operador de radio que se encontraba en la guardia, no supe que le dijo ya que no alcance a escuchar nada, ya que estaba tan contento que tenía un momento donde solamente estábamos mi alegría y yo.

En ese momento el operado de radio, toca una alarma no recuerdo si tres o dos timbres, le pregunte si pasaba algo, a lo que me dijo que eso era una forma de hablarle al capitán que está en turno.

No pasaron ni 3 minutos cuando, por la puerta de la guardia entro una persona de unos 50 años aproximadamente, cabello cano, bigote igualmente cano, y un poco robusto, solo dio un saludo

-Buenas tardes.

Y el operador de radio de hiso una seña que pasara a la oficina con el comandante, creo que no se tardó ni 5 minutos, cuando salió directamente hacia mí, saludándome de mano, me dijo:

-Así que eres el nuevo voluntario, yo soy el Capitán Enrique Guerrero. Y soy responsable de este turno, deja te presento a uno de los muchachos para que te enseñen la estación y los camiones.

Era un viernes por la tarde, mientras los muchachos de mi edad, se preparaban para disfrutar de un buen fin de semana, o para asistir a alguna fiesta o reunión juvenil, yo me preparaba para mi primer fin de semana en la estación de bomberos.

Tal vez era un poco raro, pero ese sueño (el cual tenía un día de añejamiento en mi mente) se había convertido en una obsesión, se había convertido en mi motivo a seguir.

En ese momento comencé a darme cuenta que no era un muchacho normal (de hecho, ya lo había pensado anteriormente por otras situaciones, que tal vez algún día también lo cuente)

Mis ideales estaban cambiando, tal vez de la edad, destino también le llaman, lo que yo digo es que tenía el combustible y el oxígeno, solo faltaba temperatura (hablando en términos ya de bombero, ((pues ya era bombero no)), y al ver la maquina 23, fue la temperatura que requería para la combustión.

Mientras esperaba a mi guía de turista, me puse a pensar en los compromisos que desde que entre a la prepa me había puesto, (para empezar la prepa en sí, era un gran compromiso), la otra era la policía judicial (aunque de mandadero, pero tenía un compromiso) el gimnasio (era gratis, tenía que ir) y ahora bomberos, creo que el fin de semana pensare en estos compromisos y ordenare mis ideas, quedándome aquí en los bomberos, al cabo esta tranquilo, y no creo que pase nada.

En ese preciso momento cuando acababa de lograr el objetivo del día, y me sentía un poco más tranquilo, suena la chicharra,

Le han de hablar al capitán (pensé), pero el sonido no fue intermitente, fue continuo, en ese momento me acerqué a la maquina 23, yo fui el primero en llegar, en eso vi a dos bomberos que venían corriendo, hacia donde estaba el equipo de protección, y dos más caminando (entre ellos el capitán) hacia la cabina de la máquina, alcance a escuchar que decían unas claves, pero no entendí que decían.

Al estarse cambiando uno de ellos me dice:

-¿Usted que cuñado? ¿Que hace?  ¿o quién es? - mirándome a los ojos sin dejar de ponerse su equipo.

-Soy voluntario-le dije muy seguro, (¿si lo era no? Ya había entregado mi papelería).

-Pues póngase su equipo- me dijo en tono un poco desesperado

Me quede viendo que equipo ponerme, no sabía cuál escoger todos se veían iguales, en eso me dijo.

-Póngase ese cuñado- señalándome un pantalón que tenía unas botas ya puestas, trate de ponerme las botas con mis zapatos puestos, pero se rio mi instructor improvisado, y me dijo que me quitara los zapatos.

Ellos ya estaban con todo su equipo puesto, la maquina ya estaba con el motor encendido, sentía como la adrenalina recorría por mis venas, (hasta sentía ganas como de ir al baño).

# 10
## MI PRIMER SERVICIO

En eso el chofer de la maquina empezó a sonar el claxon como indicando que ya era hora de salir, y yo todavía no me ponía completamente el equipo, solo tenía el pantalón y las botas puestas, en eso, quien me decía cuñado, se subió a la maquina entre la cabina y la caja, en un espacio diseñado para operar la bomba del camión, y transportar a los bomberos, mientras me decía que lo siguiera, en sus manos llevaba un caso y un chaquetón, el otro compañero se subió del otro lado, en esa misma parte del camión, de una manera quede en medio de los dos.

-Póngase el chaquetón cuñado, suéltese no se cae, aquí lo cuidamos- creo que noto que estaba agarrado de un tubo como si de eso dependiera mi vida.

No sabía si me temblaban las piernas, por haber hecho ejercicio de pierna en el gimnasio, era por miedo, o seria por la adrenalina, (creo que era la adrenalina).

En ese momento enciende la sirena de la maquina 23, así como todas sus luces destellantes casi hpnotizantes para mí, casi al mismo tiempo se acciono la otra sirena, aquella que, hacia vibrar mi pecho, la misma que escuché el primer día que vi la maquina 23, entonces empezó a avanzar la maquina hacia una de las avenidas más transitada de la ciudad.

Sentía que la maquina casi volaba, como avanzaba y los vehículos se hacían a un lado para darle paso a esa gran máquina que se veía grandísima en comparación con los vehículos a su alrededor.

No me di cuenta, pero los compañeros que iban conmigo me iban poniendo el equipo, asegurándose que lo trajera bien puesto, como preparándome para algo que sería peligroso.

La adrenalina me hacía pensar muchas cosas, al sentir el aire sobre mi cara, al reflejarse las luces destellantes de las torretas en mis ojos, y casi podría sentir en mis pies, cada vez que el maquinista pisaba el acelerador, esto hacia que mi piel se pusiera como de gallina.

No recuerdo cuanto tiempo hicimos para llegar al área donde nos estaban reportando el evento, pero se me hiso que fueron solo unos cuantos segundos, mi mente estaba desconcertada, no sabía que iba a hacer al llegar, nunca me puse a pensar en esto antes de subirme a la máquina, y si había gente quemada, y si era un edificio el que se quemaba, mi mente empezó a dar muchas vueltas, entre miedo y un poco de desesperación al tratar de saber que encontraríamos al llegar al área.


Al adentrarnos entre las calles de una colonia, a lo lejos alcance a distinguir a un grupo de personas que se encontraban cerca de un vehículo, al escuchar la sirena del camión de bomberos se fueron retirando del área, cabe mencionar que ya se encontraban en el área unos paramédicos, atendiendo a la persona que conducía el vehículo, al detenerse la máquina de bomberos, descendimos de la unidad, y uno de los bomberos, abrió una gaveta del camión y saco unas pinzas.

Yo aún no sabía que había pasado ya que solo veía la parte trasera del vehículo, mientras me acercaba me di cuenta que había chocado contra un muro, al parecer se había quedado sin frenos, como comenté, al conductor ya lo atendían, y en realidad el choque no era mucho, de hecho, lo único que hicimos fue, desconectar la pila con ayuda de las pinzas que había bajado mi compañero, esto mientras el capitán tomaba los datos del afectado del vehículo y de los daños ocasionados.

Que suerte, mi primera salida y no era un incendio, no sé cómo interpretarlo, suerte porque no era un daño mayor, o mala suerte porque la idea era aprender a apagar fuegos y ayudar a los demás, aquí ni una ni otra cosa.

De regreso a la estación, ya no prendió el maquinista, las luces ni la sirena, íbamos a una velocidad moderada, ya no sentía esa adrenalina, pero si sentía un orgullo por ir arriba de la máquina, me sentía una persona mayor, me sentía importante, me sentía yo mismo, como si ese trabajo estaba separado para mí.

-Entonces que cuñado, cuanto tienes de voluntario- interrumpió mis pensamientos el bombero que venía a mi derecha.

-Empecé hoy- le dije muy seguro de mí mismo, y a la vez un poco orgulloso.

- A chinga, entonces no tiene experiencia- me dijo un poco asustado,

- Pues no, pero traigo muchas ganas de aprender, -le dije.

-Pues vamos a ver si es cierto ahorita que lleguemos a la estación, -Sentí como si me había hecho una amenaza, esa persona tenía una imagen de mal encarado, con un carácter un poco (un mucho) fuerte.

Al llegar a la estación el capitán me vio que estaba batallando para quitarme el equipo, (estaba asustado, por la "amenaza" que me acababan de hacer, y el efecto de la adrenalina había acabado).al ver esta imagen de película (cómica) el capitán (como si hubiera escuchado la plática con mi "amenazante amigo") le hablo y le dijo.

# 11
# DIA DE ENTRENAMIENTO

-Enséñale las instalaciones, y enséñale a usar el equipo, tú serás su instructor- no supe que decir, simplemente me quede callado, pero en ese momento alcance a voltear a ver al bombero "gruñón" (así le llamaremos) quien estaba con una gran sonrisa (creo que fue la única vez que lo vi reírse), y frotaba sus manos, como quien está dispuesto a probar un gran festín.

-Traigo muchas ganas de aprender, traigo muchas ganas de aprender, -dijo con una voz fingida- vamos a ver si es cierto, - supe que lo decía de una forma sarcástica cuando dio un aplauso y avanzo apresuradamente, dejándome atrás, y yo todavía ni siquiera me quitaba el equipo.

No pasaron ni 2 minutos cuando llego con un equipo en las manos, era un equipo como el que usan los buzos el tanque de oxígeno (después supe que no es oxígeno, es aire comprimido, si fuera oxigeno hay riesgo latente al meterse con él en un incendio).

-Haber cuñado, quien le dijo que se quitara el equipo- si hubiera sabido que ni siquiera me lo podía quitar, solo me alcance a quitar el casco (que pesaba más de un kilo aunque para mi sentía que pesaba más).

-Esto es fácil cuñado primero vamos a quitarle el miedo- me dijo mientras me ponía como si fuera mochila el equipo que acababa de traer.

-Me va a enseñar a ponerme el equipo- le pregunte con un poco de miedo,

- ¿No, para qué? Eso es después, primero vamos a ver si esta echo para esto, y si no ni para que le enseño, mejor se va a su casa y ya- me dijo como si me fuera a poner algún tipo de prueba.

El mismo me acomodo las correas del equipo, y después le puso un pedazo de periódico con cinta a la mica de la mascarilla, que parecía como para vapores de la segunda guerra mundial, cuando acabo de tapar toda la mascarilla, me dice vengase cuñado, sígame.

No recuerdo cuanto pesaba el equipo ya completo, pero en ese momento no me detuve a pensar eso, ya que tenía que hacer lo que el "gruñón" me pedía si no, pos como iba a probar que si estaba hecho para eso.

Durante la caminata hacia donde estaba el gimnasio pasando por la alberca, quería decirle que el capitán le había dicho que me mostrara las instalaciones, no que me pusiera pruebas de sobrevivencia.

Antes de entrar al gimnasio, (el cual después de unos segundos de entrar supe que no estaba adecuado como gimnasio) mi guía se detuvo, y me pregunto:

-Le tiene miedo a los espacios cerrados-

-No sé, nunca he estado dentro de uno-dije

-Bueno pues lo va a averiguar en estos momentos-mientras me ponía la mascarilla y posteriormente el casco, iba completamente equipado, solo tengo que mencionar que el equipo no estaba conectado, la manguera de la mascarilla la traía en la bolsa del chaquetón.

-Ponga atención a las indicaciones- me dijo muy serio- las indicaciones son salir vivo-dijo eso mientras me encaminaba a la entrada del gimnasio.

Solo alcancé a dar dos pasos, cuando me tropecé con algo y fui a dar al piso.

-Ya ve cuñado, primero mueva su pie izquierdo como barriendo el piso haciendo un medio circulo frente a usted, sin separar la planta del pie del piso, con esto va a detectar si hay algo tirado en el piso con lo que se pueda tropezar, si hubiera hecho esto antes no se hubiera caído-a pesar de su forma tan arcaica de enseñar, creo que literalmente ahora estaba aprendiendo a golpes.

De alguna manera tenía que aprender, eso estaba seguro, aunque en ese momento sentía que no era la mejor manera, pero eso nadie me lo iba a enseñar de a gratis, al menos el "gruñón" al parecer se estaba divirtiendo, y eso le servía de paga.

De repente al ir avanzando sentí un fuerte golpe de frente en la mascarilla tan fuerte que casi pensé que fue a propósito, ya que yo no llevaba mucha velocidad al ir arrastrando el pie, haciendo "circulitos".

-Póngase al tiro cuñado, debe evitar que se pegue , con su mano izquierda busque cosas estirándola hacia el frente, y tratando de hacer círculos frente a todo su cuerpo, así detectara si hay algo que lo pueda golpear, y así lo va a esquivar, póngase al tiro- escuche algunas rizas, pero esta demás decir que con la mascarilla llena de periódico, no alcanzaba a ver nada, al parecer los risueños eran los demás bomberos del turno que disfrutaban desde la entrada del gimnasio, del espectáculo que mi amigo el "gruñón" y yo, les estábamos dando.

Creo que alcancé a esquivar algunas cuantas cosas con el pie izquierdo, y algunas otras con la mano izquierda, cuando me sentía un poco seguro y empecé a avanzar un poco más rápido (al entrar al gimnasio parecía que iba gateando iba demasiado lento).

En ese momento sentí un golpe muy fuerte en la parte superior del casco, (puedo asegurar que no sentí nada al revisar con mi mano izquierda) nuevamente escuché a los demás compañeros, quienes ahora soltaron una carcajada al unísono.

-Aguas cuñado, acuérdese que está en un incendio y se puede caer cosas del techo (ni sabía que estaba en un incendio, solo me puso el equipo, pero bueno él era el instructor).

Creo que dure más de media hora dando vueltas dentro del gimnasio (aunque sinceramente me pareció más, ya que estaba sudando exageradamente, además de estar desesperado), cuando en eso me dice mi instructor:

-Ya estuvo bueno cuñado. Ahora vámonos para afuera- Gracias a dios, estaba a punto de quitarme (arrancarme) la mascarilla, cuando me dice:

-No sea tramposo cuñado, salga con todo el equipo y por donde entro, así que chiste, hasta mi hermana lo hace- Estuve a punto de quitarme la mascarilla y salir, pero creo que ya había avanzado algunos pasos y no quería retroceder en esta nueva etapa de mi vida.

Como vio que me quede sin moverme, me dio algunas recomendaciones:

-Recuerde las cosas que paso, por donde se pegó en el casco, acuérdese donde se cayó, eso le ayudara a recordar por donde entro, pero la técnica adecuada para la otra (eso me dio una esperanza, entonces habría una próxima ocasión)con su mano derecha deberá estar tocando la pared, en todo momento, y al avanzar deberá ir contando todo lo que sienta, por ejemplo si es una escalera, cuantos escalones, cuantas ventanas, cuantas puertas, y si se puede hasta cuantos pasos da, pero nunca deberá soltar la pared, ya que si tiene que salir, solo dará vuelta, y cambiara de manos y piernas, ahora , su mano y su pie izquierdo harán los círculos, para asegurarse que nada le haga caerse o que le pegue.

-Hasta para salir corriendo de un incendio, existe una técnica cuñado-al rato me va a salir que hasta para ir al baño hay técnica, que le podía decir, de ese entrenamiento dependía que siguiera ahí o no.

Total, hice todo lo que me dijo, tome todas las precauciones, creo que tengo que mencionar que antes de salir del gimnasio solo me caí como 10 veces más, y me golpearon como otros 10 objetos desconocidos más, tanto en la espalda como en el casco, creo que, si hubiera sido una casa, tenía muy buena puntería.

Mientras llegaba a la puerta del gimnasio, sentía un aire fresco, creo que lo noto mi instructor, ya que me dijo:

-Bien cuñado, esa también es una forma de encontrar la salida, donde se sienta que corre aire, ahí tiene una ventilación-

Solamente alcance a salir, y el mismo me ayudo a quitarme el equipo de respiración (el que parecía como de buzo) así como la mascarilla. Yo solo me desabroche el chaquetón para poder agarrar más aire.

Al ver la luz, no podía abrir bien los ojos, estaba encandilado, en ese momento vi a tres compañeros que estaban disfrutando del espectáculo, mi instructor " gruñón" me presento a cada uno de los compañeros, y les dijo que era voluntario y que traía ganas de aprender, solo que en esta ocasión, no lo dijo en forma sarcástica.

Me quite el equipo completo, y fui por mis zapatos que habida dejado junto al camión, y pase a sentarme junto a la cocina donde había un desnivel de piso muy pronunciado, ahí se encontraban sentados mi instructor y uno de los bomberos que estaban disfrutando del espectáculo, (a quien llamaremos el pelacas) al sentarme, y darme el aire me percate que estaba completamente sudado hasta los calcetines (creo que era sudor, porque no olía a otra cosa) en ese momento el pelacas me dijo:

-Toma un cigarro te lo ganaste- me dijo con una sonrisa de oreja a oreja como si le hubiera gustado mucho el espectáculo que vio.

Tome el cigarro y lo prendí, fumándolo como si fuera el ultimo cigarro que fuera a fumar, al ver el rostro del pelacas, me di cuenta que tenía cicatrices en su cara, creo que él se dio cuenta que lo veía ya que el solo me dijo:

-Fue en un servicio en la colonia independencia, una fuga de un tanque de gas, ya estaba controlado, pero unos chavos que estaban cerca, quebraron un foco e hiso chispa, y el gas al hacer contacto con esto, tu sabes, oxigeno, temperatura( el foco), y el gas( combustible), pum, acabo mal todo ,por eso, nadie debe estar cerca cuando hay una situación de riesgo, ya que a veces generan más riesgo los mirones,( o gente que quiere ayudar pero que no sabe), que el mismo evento, y bueno pues en este caso, así fue,-me dijo mientras le daba un buen sorbo a su cigarro.

A veces la gente, tratando de ayudar sin conocimiento, hacen mucho daño y más cuando hay personas lesionadas, es preferible que tomen algún curso de conocimientos básicos de primeros auxilios por ejemplo, y así conozcan al menos las consecuencias de hacer las cosas mal, y le piensen dos veces antes de querer ayudar sin conocimiento, muchas veces se entiende que quieren ayudar sin ninguna mala intención pero como en este caso, las consecuencias pueden ser muy graves y algunas veces hasta mortales.

Durante esa tarde, creo que hice amigos, y me gane un poco el respeto de mi instructor, ya que no tan fácil me iba a rajar, y creo que se dio cuenta de eso, creo que otra persona se hubiera rajado desde la primera caída, o al menos eso pensaba yo, ya que talvez todos los bomberos habían pasado por ahí.

Esa noche para cenar compraron hamburguesas, hubo coperacha, creo que en ese momento fui al baño o me escondí en algún otro lugar ya que obvio yo no traía dinero, pero tarde más en esconderme, en que ellos me dijeran que fui el elegido junto con mi nuevo amigo el pelacas, para ir a comprar las hamburguesas, (creo que ellos sabían que no traía dinero) ya en camino a comprar las hamburguesas le dije al pelacas que yo no tenía hambre que no quería cenar, a lo que él me dijo:

-Pues yo me chingo la tuya-

-Como –le dije ya que yo no había dado dinero.

-Ya se yo tampoco di, por eso nos tocó venir por ellas, ellos no las pagaron, no la hagas de pedo.

Bueno, entonces si traía hambre, pensé dentro de mí, de a gratis, ¿cómo no?.

No estaba muy lejos el puesto de hamburguesas, así que no nos tardamos mucho en regresar a la estación de bomberos.

Al llegar, ya nos estaban esperando los demás compañeros, sacamos al patio, la mesa con todo y sillas, que estaba en el área de la cocina para poder cenar nuestras hamburguesas, cenamos todos juntos los bomberos con el capitán guerrero, tenía mucho tiempo que no cenaba en familia, que no sentía esa hermandad y que no sentía ese compañerismo, fue algo muy emocionante para mí, tal vez es un poco difícil entender este sentimiento, pero es muy bonito es muy gratificante el cenar con gente que literalmente daría la vida por ti, y digo literal porque a eso se dedican.

Después de comer como lo había dicho el capitán Guerrero, mi instructor, me enseño las instalaciones, subimos al segundo piso, y lo primero que vi, fue un área donde se encontraban dos tubos que colgaban desde la parte más alta, hasta el suelo, le pregunté que para que eran esos tubos, y silbo con su boca como burlándose y diciendo:

-Que paso cuñado, usted no ve la tele ¿o qué?, ¿qué hacía de niño?, ¿no tenían tele en su casa?, ¿nunca vio una película de bomberos? no pos esta jodido cuñado,

En realidad, no sabía que eran, me explico que, para no bajar las escaleras al momento de escuchar la alarma, era más fácil bajar por los tubos, solo abrazándolos con las manos y pies, y dejarse deslizar, era muy sencillo, solo me advirtió, ya que algunos bomberos contaban que en la noche se les aparecía un tercer tubo en medio de esos dos, y al querer agarrarse de ese, se caían hasta abajo, ya que no existía, y eso había provocado lesiones a varios compañeros.

Huuy, el tubo fantasma pensé, ya tenía mucho porque preocuparme, como para asustarme ahora por un tubo fantasma.

Dejemos la historia de sustos para otro momento, me siguió mostrando las instalaciones, vimos las caballerizas (así se les llama a las líneas de camas separadas por un bastidor), así mismo el área de regaderas, baños y vestidores, las cuales estaban abandonadas, me comento mi guía que unas fugas en el sistema del drenaje hiso que abandonaran estas áreas y dejaran de usarlas, ahí termino mi recorrido creo que mi guía estaba un poco cansado, no sé si de reírse de mí, o de ponerme obstáculos en mi entrenamiento.

Esa noche trate de poner orden a mis ideas, ya que tenía el "trabajo" de la judicial, tenía que ir al gimnasio a diario (era gratis ese tenía que seguir dentro de mis planes) y además tenía que ver lo del entrenamiento de la lucha libre, ( también gratis) ir a bomberos, a y también ir a la prepa, con tantas cosas, me había olvidado de estudiar.

No tuve que pensarlo mucho, no veía mucho futuro en la judicial, ya que de mandadero no creo que llegara muy lejos, ( además de que no me gustaba, era algo que no quería hacer durante toda mi vida, solo de imaginarme ya grande, haciendo mandados , creo que no era lo mío), así que decidí ir el lunes después de la prepa, ( y antes de ir al Gimnasio) a dar las gracias por ( "la gran") oportunidad que me habían dado, desgraciadamente no pude despedirme de aquel comandante que un día me dio la oportunidad, pero aun lo recuerdo como un buen ejemplo a seguir.

Lo demás, creo que tendría que hablar con mis abuelos, ya que ellos vivían cerca del gimnasio, y la distancia y tiempo me ayudaban, para poder llegar a comer con ellos, reposar la comida y regresar al gimnasio, eso estaba excelente, ya que así no gastaba dinero del camión para ir hasta mi casa, que estaba como a una hora de distancia del gimnasio.

Parecía que las estrellas estaban alineadas, ya que todas las cosas se estaban acomodando, el siguiente punto fue bomberos, como y a qué horas iría, los capitanes, me habían dicho que podía estar en la estación cuando yo quisiera, y que no tenía límite máximo ni mínimo de tiempo, eso me daba una libertad de escoger los días que iría, así que decidí, ir los viernes después del gimnasio, quedándome todo el fin de semana, hasta el día lunes por la mañana, y de ahí irme caminando hacia la prepa, creo que mis planes estaban completamente hechos, mi futuro ya estaba asegurado bajo un calendario un poco agresivo, pero haciendo lo que me gustaba.

Esa noche casi no dormí, por la emoción de estar en una estación de bomberos, me asignaron una cama en el segundo piso pero no la use, me pase la noche en vela ya que estaba esperando que pasara mi primer incendio, y claro que no iba a esperar dormido, me toco que estando en la estación de radio, recibíamos llamadas de incendios en otra parte de la ciudad y me decía el operador, esa no nos toca a nosotros, y hablaba por radio, por ejemplo a la estación 3 , y casi siempre pasaba así, le hablaba a la estación 3 , yo no entendía, solo entendía que no nos tocaba a nosotros.

Esa noche ( gracias a dios) paso en blanco ya era sábado por la mañana, al decir exactamente las 8 am, se juntaron los dos turnos de bomberos ( el entrante y el saliente) con un corte marcial como si fueran a entregarse las banderas de batallón, en línea un turno frente a otro turno, los capitanes al frente, y el capitán del turno entrante, dijo, -novedades- a lo que cada uno de los bomberos quienes estaban completamente uniformados, casi al unísono dijeron —ninguna señor- para mí fue algo diferente, nunca había presenciado algo así.

Cabe mencionar que yo era el único que no tenía uniforme, pero claro, era nuevo, además sin dinero, pero bueno yo no iba a portar el uniforme sin ganármelo, ya que no había hecho nada para merecerlo.

Recuerdo que después del cambio de turno ya estaba preparándose el almuerzo, yo con las tripas rugiéndome, yo creo que para ese entonces la tripa más grande ya se había comido a la más pequeña, obvio que no había llevado lonche, y más obvio es que no traía dinero ni para un refresco, pero recuerdo que un alma caritativa me vio y me dijo, pásale donde comen 6 comen 7 , comimos en una mesa con bancas laterales hechas de concreto, con toda la vergüenza del mundo recuerdo que comí unos tacos de frijoles y alguien saco un extintor( refresco de plástico familiar de 2 litros o más) y me sirvió un poco de refresco en un vaso de peltre, un poco despostillado, creo que eso fue mi almuerzo y ya estaba listo para lo que viniera.

Uno a uno se fueron separando de la mesa, de repente un bombero me dice, tu eres voluntario, -si señor- yo era el más joven así que para mí, todos eran señores,

-Ayúdeme a limpiar la rampa. -

Y me dio un trapeador, no trapeaba ni en mi casa, pero que podía hacer, tenía que aguantar, tenía que aprender a ser bombero, (en realidad el trapear no sé cómo me iba a ayudar a ser un buen bombero, pero de alguna u otra forma tenía que hacerlo).

Aprendí que toda enseñanza trae una gran responsabilidad, aquí todavía no aprendía mucho y ya tenía mis responsabilidades, trapear toda la rampa, y ni siquiera podía mover los camiones hacia atrás y adelante.

# 12
# ESTRELLA DE TELEVISION

En eso vi una camioneta que se estacionaba frente a la rampa (que muy contento estaba trapeando), de esa camioneta bajaron 2 muchachos (que después supe eran estudiantes del Tec), quienes habían solicitado permiso para realizar unas grabaciones dentro de las instalaciones de bomberos, la idea era grabar un documental donde se viera la realidad de las respuestas a emergencias, después supe que el documental se llamó, "Detrás del Fuego" (el cual, aun, al día de hoy existe ),de hecho yo fui el primero que obtuvo una copia del video ( claro, después de ya había pasado en la televisión) y me toco prestarles el video a mis compañeros para que lo grabaran, ( por cierto, jamás lo volví a ver)

Bueno, prosigamos, vi como los dos muchachos del tec, grababan algunas unidades y entrevistaban a uno de los bomberos, cuando le preguntan que si había algún voluntario que pudieran entrevistar, en ese momento yo saltaba para que me vieran mientras el bombero pensaba, como buscando en su mente si había algún voluntario:

-Mmm, No al parecer no hay nadie- mientras yo enfrente de él gritaba (claro sin hacer ruido)

-Ahí esta ese chavo es voluntario- dijo otro bombero señalándome a mí,

-¿Podemos entrevistarte? -me dijo uno de los muchachos

-Claro no hay problema-el gusto casi no me cabía en el pecho, yo quería salir en la tele.

Solo tenía un problema, no traía uniforme, así que el capitán que estaba en turno, le pidió a uno de los bomberos que me prestaran un uniforme para poder salir en la entrevista, y que realmente pareciera bombero, ya que la ropa que traía en realidad no me ayudaba mucho que digamos.

-Siéntese aquí, en este camión-Me dijo uno de los muchachos indicando la unidad 17 una de las más grandes.

Ya con la camisa del uniforme bien puesta, con todos sus logotipos bien puestos.

Frente a la cámara me dio pánico escénico, pero trate de aguantármelo, ya que después vendrían las firmas de autógrafos, las demás entrevistas en otros canales, y tal vez no se alguna película, alguna biografía, eso era solo el inicio.

Desgraciadamente después me di cuenta que ser bombero es uno de los trabajos menos reconocido y uno de los menos remunerados, y que nunca saldría en una película, bueno tal vez en otra entrevista, o en el periódico, o en algún noticiero sí, es más hasta en algún video de música, pero en una película no.

Ellos, me dijeron todo lo que tenía que decir, aún recuerdo, el treeees, dooos,, y tenía que decir lo que ellos me habían dicho, como quiera que podía decir de bomberos, pues solo tenía un día y algo, así que lo que ellos dijeron que dijera, era menos mentira de lo que yo pude haber dicho.

Al terminar la entrevista, sonó la alarma, todos salieron como de costumbre le pregunte al capitán (al que llamaremos Nacho) que si podía salir y me dijo que no había equipos disponibles, que me quedara en la guardia.

Cuando alguien te dice que no hay equipo, y ves como 4 colgados, te das cuenta que no le caes bien, o que simplemente no quiere que salgas a una emergencia con él, tal vez porque no quiere responsabilidades, o porque no quiere problemas, por lo que sea, dolió, y dolió mucho, al grado de querer retirarme de la estación en ese momento.

Pero lo que aprendí, es que desgraciadamente los sueños no son fáciles, ni sencillos, y uno tiene que pelear por ellos, aunque el que esté en contra de ellos sea el jefe, habrá otras oportunidades, donde pueda demostrar que puedo, donde pueda demostrar que se equivocó, y que no soy una carga, ya habrá más oportunidades.

No supe qué tipo de emergencia atendieron, no quise ni preguntar, me hiso sentir tan mal, que pensé seriamente no volver a ir. Pero como comenté, ahora tenía otra meta, demostrarle al capitán Nacho, que podía ser un bombero y de los buenos.

Un gran amigo, (Juan Alfredo Ortiz) me decía recuerda "Existen años de preguntas, y Existen años de respuestas", todo tiene un porque, tarde o temprano se encuentra la solución a los problemas.

De haber sabido que ese era uno de los problemas más sencillos que tendría en mi vida, ni atención le hubiera puesto, pero en ese momento parecía ahogarme en una mini tormenta hecha en un vaso de agua.

Ese día, paso sin novedades, trate de pasar desapercibido, sin hacer nada más que lo que me pidieran, por la tarde me volvieron a pedir que les ayudara a limpiar la rampa, y claro, con todo gusto lo hice, pero me ponía a pensar de que servía que le echara ganas si no me iban a dejar subirme a las unidades.

Al llegar la noche me fui a dormir a la cama que me habían asignado, y creo que no pasó nada, o como no dormí la noche anterior y estaba tan cansado por trapear y trapear, no escuche la alarma, en realidad no supe, pero creo que no pasó nada.

Al día siguiente por la mañana igual, se realizó el cambio de turno, en este caso quien recibía el turno fue el capitán Cazares (QEPD), quien había visto días antes con porte militar, el me inspiraba más confianza que el capitán Nacho.

En el cambio de turno, como consigna el capitán Nacho comento que tenían a un voluntario (ósea yo) que ya tenía desde el viernes, a lo que el capitán cazares volteo a verme y sonriendo dijo bienvenido.

Después del cambio de turno me invitaron nuevamente a almorzar, en la misma mesa y bancas de concreto, ahí me pregunto el capitán cazares si realmente quería ser bombero, a lo que le dije que si, por eso me había quedado todos esos días, y seguiría quedándome así cada semana, le pregunte que, si con el si podía salir a los servicios, ya que con el capitán Nacho no me habían dejado.

-Mientras usted cumpla con sus deberes, y quiera acompañarnos, será bienvenido- me dijo con una voz que me daba mucha seguridad.

Terminando de decir eso, sonó la alarma, creo que fue la primera de muchas ocasiones que dejamos la comida recién calentada, y ni siquiera alcanzamos a probarla.

Yo me fui atrás del capitán quien entro a la guardia, y mientras el operador de radio estaba vuelto loco recibiendo llamadas telefónicas al por mayor, en eso el capitán volteo a verme y me dijo, que me pusiera el equipo que saldríamos a un incendio grande.

Debo confesar que me temblaban las piernas, pero sinceramente no era miedo,( o al menos eso quiero pensar) era esa sensación que le llaman adrenalina, sentía una emoción muy grande por ir a ese incendio, sentía que mi primera vez que combatiría un incendio seria especial, sería algo diferente a todas las experiencias vividas anteriormente.

Me puse el primer equipo que encontré,( que por suerte me quedo casi a la medida) ahora sabía que tenía que quitarme los zapatos antes de ponerme las botas, mis dos compañeros con más rapidez y experiencia se estaban poniendo su equipo, y al terminar, empezaron a ayudarme, en ese momento por segunda vez sentí un compañerismo, ¿Cómo? alguien que ni me conocía estaba ayudándome a ponerme el equipo.

Recordé como cuando era niño mi mama me ayudaba a ponerme bien las camisas, que yo me ponía mal, así estos compañeros corregían lo que yo me había puesto mal.

En ese momento el capitán subió a la unidad y sin mediar palabra, fue como si diera la señal de subirnos a la unidad, y en ese momento como si fuéramos maquinas bien sincronizadas, la unidad encendió su marcha y avanzo con nosotros arriba, lo que recuerdo es que nadie de mis compañeros decía nada, había un silencio que solo era interrumpido por las sirenas de la unidad 23, recuerdo que avanzamos hacia el norte de la ciudad.

En ese momento vi lo que nunca había visto, o al menos no recordaba en ese momento, una gran columna de humo negra, que hiso que temblaran aún más mis piernas y esta vez los temblores iban acompañados con mis manos, y todo mi cuerpo, temblaba tanto que llegue a pensar que era debido a la vibración de la máquina, mientras más nos acercábamos, más grande se veía la nube de humo negro, esa nube es algo que nunca voy a olvidar y lo que paso después fue algo que marco mi vida para siempre.

Al llegar al área del incendio me di cuenta que era una empresa, la cual tenía una de sus naves incendiada, lo primero que vi, es que salían las llamaradas por la parte de arriba de las láminas, de la bodega que media alrededor de 15 metros de altura, era algo impresionante.

Algo que me llamo la atención es que había una unidad más de bomberos ya en el área,( un poco más viejita pero aun así imponía) y que había más bomberos trabajando ya en el incendio, además que había pipas de agua acarreando agua para ayudar a sofocar el incendio.

Me impacte, ya que creí que nosotros éramos los únicos bomberos de todo el estado, (ahora sé que es algo imposible, es demasiado trabajo para que una sola estación lo realice).

# 13
# EL VALOR DE UN BOMBERO

Mis compañeros, comenzaron a bajar mangueras y comenzaron a conectarlas a la máquina, era algo muy emocionante para mí.

En realidad, no sabía ni que hacer, me quede casi inmóvil, al ver tanto movimiento y algo que me llamo mucho la atención es que nadie daba órdenes, todos y cada uno de los bomberos sabían que hacer, y nadie se topaba con nadie, y tampoco vi a dos bomberos haciendo lo mismo, me imagine como unas hormigas realizando un trabajo en equipo (nunca las he visto a las hormigas trabajar en equipo, pero siempre ponen el mismo ejemplo, así que no quise ser la excepción).

Creo que yo era el único que desentonaba, ya que vi que mis compañeros entraban a la lumbre y yo ahí parado.

En ese momento una voz fuerte y firme, me dice:

- ¿Quiere entrarle?

Creo que vio la alegría en mis ojos, ya que no dije nada y tomo el silencio como un sí.

Con un ademan le hablo a uno de los bomberos que llevaba una de las mangueras hacia adentro del incendio, y le entrego la manguera que aún no tiraba agua.

-Con su mano derecha agarre la manguera, y con su mano izquierda agarre mi hombro-me dijo el capitán Cazares como si estuviera dándome una orden militar.

Aún recuerdo sus palabras, que me dieron seguridad para poder entrar a ese incendio, (que al día de hoy ha sido uno de los más grandes donde he estado)

-No tenga miedo, vamos a llegar hasta donde usted sienta que puede llegar, si siente mucho calor, solo dígame y nos salimos-

Por alguna razón, pienso que él sabía que no tenía miedo, ya que nunca me lo menciono, sino me hubiera dicho, ¡si le da miedo me dice ¡, creo que él sabía que yo estaba echo para esto.

Él iba avanzando aun con la manguera sin tirar agua, recuerdo que su casco no tenía mica o protección facial, en ese momento me dijo:

-Prepárese, vamos a entrar bájese la mica-

En eso abrió un poco la manguera, y me dijo este es el chorro directo, es para irnos acercarnos al fuego, para pegarle desde lejos y en algunos casos para remover el material que esta prendido, (el estar lejos del fuego no había necesidad de gritar para poder escucharlo).

Conforme nos acercábamos, ese fuego que veía de lejos, sentía que me calaba en la cara aun y cuando tenía puesta mi protección facial, sentía que estaba en un baño sauna, sentía como el calor recorría todo mi cuerpo, sentía como el equipo que traía se calentaba, y aun así íbamos avanzando.

Al avanzar el humo impedía respirar libremente, a parte el aire estaba muy caliente, y traía mucho humo, en ese momento volteo el capitán y me pregunto con una voz dura, pero a la vez de confianza:

- ¿Le seguimos? -

-Claro- le dije ya con la adrenalina a todo lo que da.

Al acercarnos más, abrió un poco más la manguera, volteo y me dijo.

-Esta es la media niebla, es para poder abarcar más área del fuego y barrer de un lado a otro el fuego, así se moja más espacio de material prendido.

-¿Seguimos? Me dijo con una voz casi gritando.

En esta ocasión solo asentí con la cabeza, el cansancio empezaba a pegarme y a cobrar factura en mi cuerpo.

Nos acercamos más al fuego, sentí como el agua caliente que estaba encharcada en el área del incendio me quemaba ya que la temperatura traspasaba las botas, que vale la pena mencionar que estaban agujeradas, (de hecho, terminé con unas ampollas de gran tamaño ese día) pero, aun así, quería seguir avanzando.

En ese momento volteo nuevamente el capitán, quien creo me vio un poco sofocado, ya que me pregunto, ¿quiere respirar aire fresco?

-Siiiiii-conteste muy apenas.

En ese momento abrió toda la manguera y me dijo que me acercara, al estar cerca del chorro de agua, se respiraba un aire fresco y sin humo.

-Esta es la niebla completa, ya vio que nos sirve para respirar aire fresco y para protegernos de la temperatura, ya que, con la fuerza del agua, nos da aire fresco.

Volvió a acomodar el chorro y en automático tome la posición que tenía antes.

El fuego estaba tan cerca que sentía como me ardían los ojos por estarlo viendo frente a frente, esa fue la primera vez que me enfrente con ese animal, ya que sinceramente siempre he creído que el fuego es un animal que respira, come, y piensa, quien conoce del fuego, sabe que así es.

-Recuerde que yo voy a llegar hasta donde usted llegue-me dijo aquel capitán con tanta seguridad, que, al escucharlo, me sentía protegido, y literalmente me sentía protegido por él, ya que iba delante de mi protegiéndome algo de la radiación de aquel gran fuego.

En realidad, no sé cuánto tiempo paso, pero sentí que fue mucho y sentía que me derretía, el ardor que sentía en la planta de mi pie derecho por la bota agujerada que dejaba pasar el agua caliente, no era nada en comparación, con el desgaste físico que sentía.

- ¿Cómo se siente? ¿Todo Bien?  - me preguntaba el capitán, y yo solo movía la cabeza diciendo que sí, pero ya no sabía ni que decía, al parecer en automático decía que bien porque la adrenalina evitaba que me saliera de aquel incendio.

Llego el momento donde creo que el capitán ya me vio cansado, porque me pregunto:

-¿Quiere tomar aire fresco afuera? ¿Quiere que nos salgamos? -creo que volví a contestar que si en forma automática, ya que sin voltear ni soltar la manguera hiso un movimiento con su cabeza y un bombero corrió a tomar la manguera, y el capitán casi abrazándome me saco del área del incendio y me llevo a un área donde ya había un bombero sentado agarrando aire fresco.

-Desabróchese el chaquetón, no se lo quite, solo quítese el casco eso es para que se refresque un poco, y siéntese un rato a descansar mientras agarra fuerzas para que regrese al incendio- me dijo con una voz que no denotaba ningún tipo de cansancio.

En eso vi que se dio media vuelta y regreso por donde salimos, él estaba regresando al frente del incendio, no se veía cansado, ¿Cómo? un joven estaba totalmente derrotado, agotado y cansado, mientras una persona madura regresaba por más al frente del incendio.

*Creo que desde ahí comencé a valorar a los bomberos, algo tenía esa persona, algo adicional a cualquier otra persona, yo era alguien, que hacia algo de ejercicio, y no había aguantado casi nada frente al incendio, mi casco tenia protección facial y sentía que me quemaba, el casco de él no lo traía, comente que en todo momento él estuvo frente a mí, así que el recibía aún más que yo la radiación.*

*Realmente un bombero no es una persona normal, después de esto me hice varias preguntas que aun, rondan en mi mente.*

*¿Porque una persona arriesga su vida por los demás, sin esperar nada a cambio?*

*¿Porque arriesgar su vida para salvar los bienes de otras personas?*

*¿Porque entrar a un lugar donde nadie más entra para buscar a quien rescatar?*

*¿Porque trabajar más horas continuas que los demás? (24 de trabajo x 48 de descanso)*

*Muchos dirán que la necesidad, pero muchos les aseguro, que ni por todo el dinero del mundo arriesgarían su vida por los demás.*

*No se cómo llamarlo, valor cívico, amor al prójimo, amor a la vida, o simplemente vocación de servicio, lo único que puedo asegurarles es que son personas únicas.*

Al estar fuera del área del incendio, la compañía que estaba pasando por ese evento( la empresa que tenía el incendio), llevo hieleras con refrescos y botellas de agua, creo que me tome como tres botellas de agua, ya que sentí que me había deshidratado, me tome un refresco y en eso el bombero que estaba a mi lado sin casco y con el chaquetón abierto me dijo:

-No tomes tanto refresco, ya que el azúcar no se absorbe tan rápido y te van a dar ganas de vomitar, solo toma el agua necesaria.

Quede un poco sorprendido, la persona que estaba a mi lado, se veía muy desgastado físicamente, y su cara con muchas manchas de tizne, pero platicaba como si nada conmigo, recuerdo que solo me dijo eso y se volvió a cerrar el chaquetón y ponerse el casco y me dijo

-Deja entro a relevar, al rato nos vemos- al levantarse estaba como si nada.

Recuerdo que por más que quise levantarme para ingresar nuevamente al incendio, es más, por más que quise levantarme, no lo pude hacer, no sé si era el cansancio, el desgaste físico o la deshidratación, pero ni la adrenalina me ayudo a levantarme de la banqueta donde estaba sentado.

Me tocó ver que los compañeros salían tomaban agua, descansaban un poco y volvían a entrar, en todo ese tiempo no vi salir al capitán en ningún momento.

No recuerdo cuanto tiempo paso, pero vi salir al capitán quien dio por terminado el incendio oficialmente, en ese momento si pude levantarme para ayudar a los compañeros a sacar las mangueras y vi como uno de ellos desconectaba los copples, así que no necesite que me dijeran como, yo hice lo mismo con las demás mangueras, como si supiera, empecé a desconectar todas las mangueras para desaguarlas, poniéndomela a mi hombro y caminando hacia adelante ( sin que se mueva la manguera) esto lo hice porque vi que un compañero lo hacía.

Lo difícil fue cuando el compañero empezó a enrollar una manguera y yo quise hacer lo mismo, ahí si no pude, y no por lo cansado, sino porque la enrollaba y se me salía por el otro lado, no podía apretar bien la manguera, iba avanzando muy lento, así que al ver esto mis compañeros empezaron a ayudarme.

La gente de la empresa siniestrada, nos agradecían por haber ido, los trabajadores y empleados nos saludaban, y nos daban las gracias estaban muy agradecidos porque fuimos a ayudarles a apagar ese incendio.

Al terminar de recoger todo el equipo, nos subimos a la maquina 23 para regresar a la estación y en eso alcance a ver que la otra máquina también hacia lo mismo, la otra máquina era la 11.

El regreso fue diferente, y aunque creo que todos veníamos cansados, veníamos platicando, y aunque no lo crean no platicábamos del incendio, platicábamos sobre el día que estaba soleado, platicábamos sobre futbol (bueno ellos ya que a mí nunca me ha gustado ese deporte).

Llegamos a la estación y lo que nos tocó hacer fue lavar las mangueras, también fue un buen de trabajo, tallarlas con pura agua y una escoba, para que se le quitara todo el material que pudiera dañarlas, después de tallarlas bien, y que quedaron limpias (bueno menos sucias) las subimos a la torre (si, la torre que al principio no sabía para que era, esa torre donde estaba la sirena grande).

Las mangueras que colgamos en la torre fueron repuestas por otras secas en la maquina 23.

Ese turno trascurrió sin novedades relevantes, ya no tuvimos salidas, así que descanse bien, puedo decir que esa noche si dormí, ya que al siguiente día iba a la prepa.

Como la prepa estaba muy cerca de la estación de bomberos, me fui caminando, así que llegué temprano como costumbre, a saludar a los conserjes que a esa hora hacían el aseo de la prepa.

Espere a que llegara el chícharo y le conté todo lo que había pasado en mi primer fin de semana en los bomberos, casi no me creía, y por lo que me creyó es que estaba tan cansado que me quede dormido ese día en la clase, cosa que nunca había hecho.

Ese día no faltaron los tacos con el chino de oro, con lo que me estaba ahorrando de camiones al no ir el fin de semana a mi casa, pos ya traía más dinero para los tacos.

Ese lunes no quería ir ni al gimnasio, pero ya tenía el compromiso de ir, y, es más, ya me esperaba también el entrenador de lucha libre quien resultó ser un reconocido luchador de antaño ya retirado.

El día se nos fue muy rápido paseando por los pasillos y quedándonos un rato en la cafeta, así que llego la hora de la salida, vi a mi amigo el che, y quedamos de vernos en su gimnasio por la tarde, me despedí del chícharo y me fui caminando hasta la casa de mi abuela para poder comer.

Uno de los beneficios adicionales de ir a comer con mi abuela, es que sobre la tela de madera que tenía, había un florero de porcelana, en el cual me dejaba siempre un billete, que me ayudaba para solventar mis gastos, mi abuela me decía que era a escondidas de mi abuelo, pero a veces cuando no encontraba el billete en ese florero, mi abuelo me daba algunas monedas y me decía que no había billete pero algo de monedas sí.

Mi abuela (mama de mi difunta madre)huérfana de madre desde muy pequeña tuvo que cuidarse sola, era una mujer de esas que no se deja de nadie, mujer luchona, recuerdo que de niño ella me enseñaba un pequeño revolver que traía en su bolso, y me decía esto es para que nadie se pase de la raya, es más puedo decir que ella me regalo mi primer revolver uno calibre 22 de esos cortitos, cuando yo tenía como 6 años, recuerdo que mi papa se enojó con ella, y lo escondió en ese momento, pero cuando papa se descuidó me puso el revolver en mi cintura, obvio me lo dio sin parque, dijo que después me lo daba que practicara primero sin parque y cuando estuviera más grande me daría una caja de parque para que me defendiera, en resumidas cuentas esa era mi abuela.

Mi abuelo era una persona muy trabajadora, no se cansaba , nunca lo vi sentado descansando, siempre estaba trabajando, fue fuerte, fue jefe de guardias de una empresa, de hecho ahí se jubiló, pero además siempre vendió en la calle junto con mi abuela, aun jubilado seguía trabajando aparentaba 20 años menos de los que tenía, recuerdo que mi abuela le decía, siéntate un rato descansa, y él decía descansare cuando me muera, y volteaba conmigo y me decía y que tal si me voy al infierno y el diablo me pone a jalar más allá, mejor descanso, y se reía, pero al final no descansaba, aprendí mucho de él, y en sí de ellos juntos, a estar siempre juntos como pareja creo que ese es el mejor legado que me dejaron.

Desgraciadamente por cuestiones personales, y de trabajo ya no volví a verlos después de esta época, es difícil aceptarlo, pero es muy malo no saber perdonar, tal vez algún día sabré hacerlo.

El no perdonar, algo es un veneno que tarde o temprano invadirá todo el cuerpo y podrá echarlo a perder sin tener un antídoto que ayude a combatirlo.

Recuerdo que ese día comí muy bien y tuve que reposar bien la comida para poder ir al gimnasio, ese día según el che che, nos tocaba pecho y espalda, así que tenía que descansar un poco más.

# 14
# LUCHA LIBRE

Ya era poco más de las 14:00 horas, así que tenía que ir caminando hacia el gimnasio para poder llegar puntual a las 14:30 horas.

Mientras che che hacia su rutina yo le ayudaba, y mientras yo hacia la mía, el me ayudaba, creo que, por eso, se nos iba más lento el tiempo, pasábamos de un aparato a otro, alternando hacer ejercicios para espalda, con ejercicios de pecho.

Claro que era difícil, pero deberás ha aprendido que no hay atajos para poder lograr lo que uno quiere, como en este caso, mi idea era tener más que todo buena condición, y para esto tenía que meterle ganas al gimnasio, y bien en serio.

Todo para mí se veía un poco difícil, ya que como comente tenía varias metas que lograr y una de ellas era tener buena condición, y esa creo que era una de las más difíciles, ya que el ir a un gimnasio no es solo ir a pasear, o presumir el cuerpo, o solo hacer como que haces ejercicio, en la azotea nada más para calentar corríamos como media hora a forma de trote, y solo para calentar y poder empezar a entrenar, la otra hora ya era de puros aparatos, y por ejemplo los lunes miércoles y viernes era hacer ejercicios para fortalecer pecho y espalda.

Ese día la rutina de ejercicios fue muy dura, y no recordaba que tenía entrenamiento ahora de lucha libre, ese día tuve que presentarme con ese gran luchador renombrado, pero ya en retiro, ahora solo se dedicaba a entrenar a las nuevas generaciones, platique con el solo un poco bajo el ring, cabe señalar que el área del ring estaba separada del área del gimnasio y no había contacto visual entre ambos lugares, me tuve que despedir del che che, para poder ingresar al área del ring.

Está de más decir que mi físico era de risa, estaba un poco chaparro y muy delgado.

Al momento de subir al ring ya se encontraban varias personas arriba, quienes al verme empezaron a reírse, eran personas muy altas, y tenían el cuerpo de los típicos luchadores de las películas, como el santo, blue Demon, tinieblas, etc., de solo verlos daba miedo.

-Que paso entrenador, ya trajo a la nueva mascota- dijo uno de los luchadores más fornidos.

-No digas nada a de ser el nieto del entrenador que lo trae a vernos entrenar- dijo otro también en son de broma.

El entrenador no dijo nada, solo les dio unas indicaciones que no entendí, y comenzaron a realizar unos saltos en pareja al centro del ring.

Creo que por un momento se le olvido que yo estaba ahí, ya que no me dijo nada, ni me dio ninguna indicación.

-Entrenador, y yo que hago. Le dije con un poco de miedo, ya que los luchadores se me quedaban viendo de reojo muy feo, como si quisieran usarme de sparring.

-       Primero tienes que agarrar agilidad, empieza a dar saltos de tigre, de un a todo lo largo y ancho del ring-, me dijo muy serio

-       Cuantos saltos, - el día de hoy sé que cuando alguien te dice has algo, no debes preguntar cuantos, ya que la respuesta que me dio no se me olvidara nunca hasta el día de hoy, es más, en otra etapa de mi vida, la volví a escuchar, pero ya no caí igual.

-cincuenta-me dijo en una forma que sentí que se reía, pero no dude en realizar cincuenta saltos.

Sentí como casi regresaba la comida que me había dado mi abuela, donde daba las maromas, sentía que pasaba rosando a los que estaban entrenando al centro del ring.

-Cuarenta y siete, cuarenta y ocho, - solamente me faltaban 2 saltos y apenas habían pasado solo media hora, me iba a ir temprano, pensé.

-Cuarenta y nueve y cincuenta, ya acabé entrenador, ya son cincuenta.

-Cincuenta?, no señor, yo dije sin cuenta, sin contar, así que sígale hasta las 17:00 horas, que se acaba el entrenamiento.

Seguí dando vueltas y vueltas, tratando de esquivar a esos refrigeradores, que entrenaban al centro del ring, con llaves, y contra llaves además de algunas caídas, y saltos.

Había un reloj analógico en una de las paredes del área de lucha libre, y al momento que dieron las 5 me deje caer del ring y fui por mis cosas, para ese momento el che che yo creo que ya estaría en su casa, descansando.

Yo solo me puse mi ropa encima de la ropa de gimnasio, no me bañe, ya lo que quería era irme.

Salí del gimnasio sin despedirme, y tome el camión hacia mi casa, casi enfrente del gimnasio, gracias a dios no se tardó mucho en llegar a mi destino, pero recuerdo que todos se me quedaban viendo, creo que por dos cosas:

Una porque cada vez que brincaba el camión, quería vomitar los tacos del chino y la comida de mi abuela.

Y dos, porque me iba cociendo en mis jugos, iba muy apestoso recuerden que no me bañe. Y estuve 2 horas y media en el gimnasio. Total, creo que deje a todos bien fumigados.

Llegue a mi casa, y como siempre no había nadie, así que me metí a bañar, y a dormir, obvio que no cene, no me cabía, estaba a punto de vomitar lo que comí la semana anterior, ¿y todavía cenar?, pues no.

Dormí como un angelito, nadie me molesto, y si lo hubiera hecho hubiera tenido dos resultados, el primero, no hubiera obtenido ninguna respuesta de mi parte, o la segunda, lo hubiera vomitado.

Llego la hora de enfrentar a mi némesis, si, la prepa, en esos días no ocupaba despertador, me despertaba en automático, y ese día no fue la excepción.

Llegue a la prepa, ya era martes, para mi sorpresa ya había llegado el chícharo, apenas le iba a platicar que había hecho en mi primer día de entrenamiento, cuando de repente me dijo:

-Como te fue con los saltos de tigre. - no manches era adivino el mendigo chícharo?, o le platicaría el che che?

No creo porque para empezar el che che se fue antes y además ellos ni se hablaban.

-Todavía me acuerdo del primer día de entrenamiento-me dijo sonriendo,

Ósea que el señor chícharo, también había entrenado lucha libre, no puedo negar que tenía cuerpo de luchador, pero nunca lo había comentado, ese gran chícharo era un estuche de monerías.

La semana paso sin novedades relevantes, mi rutina fue normal:

Salía de la prepa

Iba a comer con mi abuela

Iba al gimnasio con el che che,

Después iba a las maromas (entrenamiento de lucha libre) y

de ahí a mi casa.

Solamente el viernes paso algo extraño que cambio mi rutina, (los viernes no iba al gimnasio ni entrenaba lucha, de la prepa me iba directo a bomberos).

Saliendo solo de la cafetería (ya que el chícharo andaba en el baño) se me acerca un maestro de deportes y me dice:

-Te gustaría entrenar Box- me dijo con una voz un poco seca.

-Ya entreno lucha libre, gracias-

-El box es más completo, además formaras parte del grupo representativito de la prepa-

Continuando con mi sueño de dejar huella, me brillaron los ojos al escuchar eso, "equipo representativo de la prepa", se escuchaba muy tentador.

-¿Y a qué horas seria el entrenamiento?- Pregunte un poco interesado.

-Cuando quieras, a la hora que quieras- se me hiso mucha flexibilidad, pero me pareció algo interesante.

-déjeme pensarlo el fin de semana, y le digo el lunes- pensarlo, ya estaba decidido, la idea de ser del equipo representativo de la prepa, me daba mucho gusto, y era justo para ser parte de dejar huella.

-Claro, no hay prisa, pero piénsalo hay pocos lugares-, me imagine que mucha gente trataría de ingresar a este equipo ya que representar a la prepa no era cualquier cosa, pero el maestro dijo eso y se retiró, ya no me dio oportunidad de contestarle en ese momento que sí.

Me dirigí rápido hacia los baños para toparme con el chícharo antes de ir a bomberos, para poderle presumir que me habían invitado a formar parte del equipo representativo de box de la prepa.

-chícharo, no sabes lo que me acaba de pasar, no sabes a donde me invitaron- le dije muy emocionado.

Estuve a punto de decirle que se habían fijado en mi por:

La mirada de águila

Mi abdomen plano

Mi altura

Mi agilidad

Mis brazos fuertes.

Mi punch

Pero al escuchar lo que a continuación me dijo, perdí toda esperanza de lo que me había imaginado.

-Sí, si a mí también me dijeron, solo que no me gusta mucho el box, estuve entrenando durante la secundaria, pero no me gusto- me dijo en una forma muy seria.

Creo que eso fue la gota que derramo el vaso, el chícharo, me había asustado, en realidad, ya estaba seguro de que era una clase de chaman o de brujo, en serio, ya me estaba dando miedo, y por dos motivos:

Uno era adivino, y sabía todo lo que pasaría.

O dos ¿en realidad era un estuche de monerías?

Y termino de rematar:

-Además en ese equipo no hay nadie, buscan al que caiga para que entrene con ellos-

-Gracias por el ánimo carnal-le dije ya triste.

-Pero échale ganas, tal vez te sirva para que te des a conocer en la prepa.

Ya no sabía ni que decirle, pero tal vez tenía razón.

Salimos de la prepa, y nos despedimos, ya que yo tenía que ir a bomberos, y el a su casa.

# 15
# EL ALCOHOL Y EL VOLANTE NO SE DEBEN MEZCLAR

Ese día llegue a la estación, y la unidad estaba fuera, había un incendio que me comentaron tardaría mucho, no recuerdo bien, pero al parecer era un basurero lo que estaba encendido y si tardaría mucho.

Eso me sirvió para descansar, creo que tenía una muy buena oportunidad para poder poner mis ideas en claro, acababa de entrar a la prepa y ya tenía un sinfín de actividades y las que faltaban.

Ese día no quise dormir, me quedé en la guardia, con el operador de radio,

No estoy muy seguro que hora seria, pero pasaba de las 4 de la mañana, estábamos barriendo la rampa de las unidades el pelón y yo, cuando de repente paso una camioneta casi volando, se escuchaba como zumbaba el motor, en ese momento el pelón dijo, vas a ver que al rato nos van a hablar para ir a recogerlo, (haciendo alusión de que chocaría.

Apenas termino de decir esa frase cuando se escuchó un fuerte estruendo, la camioneta había chocado contra algo.

Cabe mencionar que a esa hora era difícil ver pasar un vehículo a esas horas.

-Suena la alarma- me dijo el pelón mientras el corría a ponerse su equipo.

Corrí hacia el botón de la alarma y la accioné y la deje encendida, mientras corría a ponerme mi equipo.

Nos subimos a la unidad y salimos, apenas agarramos la avenida, ya veían varias patrullas detrás de nosotros, al parecer ya venían siguiendo a la camioneta desde otros municipios (eso lo confirmamos después por comentarios de los mismos policías y tránsitos).

Al llegar al área, algunas cuadras más delante de la estación de bomberos, encontramos a la camioneta impactada contra otro vehículo, la escena, era verdaderamente difícil de creer, y más difícil de verla.

La camioneta impacto el vehículo de frente golpeando el lateral izquierdo del lado del piloto.

El chofer de la camioneta no tenía ni una sola lesión, mientras una de las mujeres que iban en el vehículo impactado, estaba recostada en el asfalto a unos cuantos metros del vehículo, ya sin signos vitales, esto ya confirmado por uno de los compañeros.

Otra de las acompañantes estaba recostada entre el asfalto y el vehículo, también ya sin signos vitales, ella ocupaba el asiento del copiloto.

Me toco ingresar al vehículo, ya que nos dimos cuenta que el chofer se encontraba aún con vida, esto nos dimos cuenta porque aún se quejaba de los fuertes golpes que había sufrido, podemos decir, que él había sufrido la parte más fuerte del golpe.

Como era el más delgado fui el único que pude entrar hasta donde estaba el chofer lesionado, mis compañeros me dieron la indicación, de que le pusiera el collarín y que le agarrara la cabeza para evitar que se moviera y se causara otra lesión el mismo, debo mencionar que el lesionado se encontraba todo ensangrentado y trataba de articular palabras, pero solo se le escuchaban sonidos guturales.

Yo estaba en el asiento trasero con mis manos sujetándole la cabeza, tal y como me lo estaba indicando un paramédico que se encontraba dándome indicaciones por la ventanilla del copiloto, mientras el trataba de suministrarle medicamento o suero por medio de las venas.

En ese momento dio un grito muy fuerte el lesionado vomitando una gran cantidad de sangre, y sentí como se desprendía el alma de su cuerpo (no sé cómo explicarlo, pero eso no lo he vuelto a sentir), esto por el grito de dolor, seguido de esto, ya no realizó ningún movimiento ni ruido, el paramédico con una seña me indico que se había ido (que se había muerto).

Yo seguía sujetando la cabeza del lesionado, creo que me quede así en shock por unos momentos, no sabía qué hacer, hasta que el paramédico, me indico que me soltara la cabeza del lesionado y que me saliera del vehículo, me dijo que todos habían muerto, solo la persona de la camioneta había sobrevivido.

No supe cuánto tiempo paso desde que llegamos hasta que Salí del vehículo, pero el conductor de la camioneta aún se encontraba al volante de la misma, y no quería descender.

Unos tránsitos se acercaron y le pidieron que bajara, y al hacerlo nos dimos cuenta que estaba tan tomado que no podía ponerse de pie, yo estaba como a 3 metros de él, y olía a alcohol hasta donde yo estaba, además todavía traía una botella de vino en la mano.

Uno de mis compañeros (por respeto no digo su nombre) trato de agarrar un hacha de la máquina, para golpearlo, decía que no era justo que hubiera arrebatado la vida de 3 personas inocentes, por andar tomando.

De hecho, los tránsitos tuvieron que subirlo a una unidad ya que también unos policías comenzaron a golpearlo, y los tránsitos de 2 municipios se peleaban por llevárselo, hasta que una patrulla de judiciales llego y se lo llevaron.

Nosotros no sabíamos que había pasado, hasta que un policía nos platicó que desde un municipio lo trataron de parar en un operativo de antialcohólica y al escapar atropello a un tránsito, al avisar a otro municipio sobre la persecución, pusieron un retén donde tampoco se detuvo y dejo lesionado a un policía al impactar su unidad, y se vino a detener en otro municipio con el choque donde estábamos, por eso había tanto tránsito y policías de diferentes municipios siguiéndolo.

Desde ese día cambio por completo el concepto que tenia de las personas que tomaban cerveza o vino.

Antes de ese día, para mí, el tomar cerveza era algo que denotaba madurez, entre más borracho te pusieras, más maduro eras, el que olía a cerveza en la secundaria era alguien que retaba todo lo establecido, de hecho, había frases como "un hombre que no toma es un hombre sin aroma".

Era todo un reto poder tomar o llegar tomado a casa, nunca pensé en las consecuencias, obvio que en esa época no manejaba, no tenía ni carro, pero me puse a pensar las consecuencias de tomar desde joven, esa persona que manejaba la camioneta, no sabía ni que estaba haciendo, era una persona que estaba tan tomada, que no podía mantenerse parado solo.

Me puse a pensar en las fiestas a las que asistía antes de entrar a la prepa, donde había alcohol y amigos más grandes que si traían carro tomaban mucho como si nada, no median las consecuencias, y solo para presumir que ellos ya podían tomar, para sentirse superiores a los demás.

En la juventud, muchas cosas se nos hacen fácil y una de ellas es el tomar alcohol, pero estando jóvenes no tenemos la suficiente madurez para poder hacerlo, yo siempre quise tener mi carro a los quince años, ahora entiendo porque mi papa no me lo compro, porque no tenía la suficiente madurez (a y porque no teníamos dinero).

Si yo hubiera sabido, que pasaría este accidente algún día, (de hecho las estadísticas dicen que la mayoría de los accidentes automovilísticos se dan por mezclar el volante con el alcohol), les hubiera dicho a mis amigos que al tomar estaban cayendo a un espiral de destrucción, que gracias al alcohol no solo se destruían ellos, sino que también podían destruir a otros como en este caso.

Si tan solo los jóvenes tuvieran la oportunidad de vivir en carne propia lo que yo viví y sentí, entenderían que tomar en exceso causa muchas muertes.

No recuerdo, que más paso ese fin de semana, pero lo que si recuerdo es que quede impactado con lo que paso ese día.

El lunes al llegar a la prepa, llegue con otro ánimo, casi ni quería entrar a las clases (bueno ese día si tenía un motivo).

Le platique al chícharo sobre el accidente, no realizó ningún comentario al respecto, respete su silencio, era la primera muerte que me tocaba ver, y lo peor fue que murió en mis brazos, fue muy triste para mí.

Algo que también aprendí en esa época (solo que ahora estoy batallando para llevarlo a cabo en esta época), es que hay que darle vuelta a la página, tenemos que aprender la lección que nos da esa página, pero tenemos que darle vuelta para seguir leyendo el libro completo, si no, nos quedamos estancado y ya no aprendemos más.

Ese día después de realizar la rutina como la semana pasada, ahora tenía mi cita con el honorable equipo representativo de box.

Después de salir de entrenar las maromas, en la lucha libre (en serio ya llevaba una semana y seguía con las maromas) me dirigí de regreso a la prepa, era mi primer día para entrenar box, y había elegido de 17:30 a 19:30 ya que supe que eran dos horas diarias.

Cuando llegue al área que me habían indicado, no había nadie, solo estaba el maestro de deportes, y le pregunte: -Oiga profe, ¿a qué horas llegan los demás? -

-Quienes?, me dijo muy serio.

En ese momento recordé al chícharo, no había nadie más, yo era el único.

-cómo te llamas? No me digas, a partir de hoy serás Kike el Gavilán.

No sabía porque, es más al día de hoy no sé por qué, pero tengo la ligera idea que por una caricatura que había antes, donde salía un Gavilán que estaba chaparrito y cabezón, pero no estoy seguro que sea eso.

Me puso a correr como 20 vueltas al campo de fut bol, (que bueno que traía algo de condición,) mientras el sentado me veía.

Al momento que estaba corriendo llegaron 2 muchachos a entrenar que nunca había visto en la prepa, uno de ellos moreno alto y con el cabello largo, el otro un poco chaparro casi de mi estatura y de piel blanca, pero el maestro ni caso les hiso.

Después me puso a hacer unas cuantas lagartijas, abdominales, y a hacer sombra en un espejo, y posteriormente me puso a golpear una pera loca.

Después de ese entrenamiento si me tuve que bañar, yo creo que en esa época fue donde estuve más blanco de piel, ya que me bañaba en la mañana, me bañaba después de entrenar lucha libre, después de entrenar box, y al llegar a mi casa antes de dormir.

# 16

# "DE JOVEN CIRQUERO DE VIEJO PAYASO"

Durante los siguientes días el entrenamiento de lucha libre empezó a cambiar un poco, ya que media hora seguía con maromas, y media hora con caídas, ya empezaba a aprender como caer. (no sabía golpear, pero al menos, sabia como caer si me golpeaban).

En cuanto al entrenamiento de box, siguió exactamente igual, las vueltas al campo, lagartijas, abdominales, sombra y golpear la pera loca.

Llego el tan esperado viernes de bomberos, de la prepa me fui caminando como siempre, llegue y estaba mi "gran amigo" el gruñón quien me saludo muy efusivo:

-Que paso cuñado, usted no entiende, sigue viniendo, quiere más entrenamiento, no llena ¿o qué?

Creo que tenía algo preparado para mí, me lo imagine por el recibimiento tan alegre.

-haber cunado, espéreme ahorita vengo- y se retiró dejándome solo en el pasillo que se encontraba afuera de la guardia (área del operador de radio y fuera de la oficina del comandante)

Al quedarme solo afuera de la guardia, llego el comandante Lucio, de quien ya había hablado anteriormente, quien me dijo.

-Que haces aquí muchacho, vallase a su casa, diviértase con muchachos de su edad, disfrute su juventud, ahorita puede hacer de todo, pero al rato extrañara su juventud (es algo que en estos momentos estoy tomando muy en cuenta) y después de eso, vino su frase tan conocida, recuerde:

"De joven Cirquero de Viejo Payaso"- y se retiró.

Me dejo con esa frase en mi mente, de joven cirquero de viejo payaso, que quería decir con eso.

Nunca he escuchado esta frase en otra persona, no sé si sea de su autoría, pero tiene mucho sentido, a lo que él se refería, es que, de jóvenes, hacemos de todo, todo se nos hace fácil, podemos hacer y deshacer y no afecta, ya que tenemos la juventud de nuestro lado, y cualquier trabajo o actividad podemos realizar.

Pero al estar viejo, ya nos pesan los años, las actividades que hacíamos antes, difícilmente podemos hacerlas, los errores duelen y cuestan más, ya que una caída nos afecta más y batallamos más para levantarnos, y solamente nos limitamos a realizar las actividades menos pagadas, o las menos valoradas, haciendo una analogía en un circo, la actividad de payaso, ( sin menospreciar) es la que cualquier persona puede hacer, no requiere de un entrenamiento especial, a y algo muy importante , si un payaso se equivoca, no pasa nada, ya que pasa a ser como parte de su rutina.

Esa frase tenía más fondo de lo que en ese momento pensé, y más sentido aun de lo que el día de hoy pienso, ese viejo era muy sabio, todas las personas mayores son un ramillete de conocimiento, que hay que saber valorar, pero en especial el comandante era una persona de mucha experiencia, ya que tenía muchos años de experiencia en el trabajo de bomberos.

En diversas ocasiones, también me decía, que me pusiera a estudiar, que estaba muy joven para estar trabajando de bombero, que aun tenia oportunidad de crecer en la vida, que siguiera mis sueños, que, si mi sueño era ser bombero, que me respetaba, y que lo siguiera, pero que tuviera una segunda opción, que buscara otra oportunidad en el estudio, ya que "Uno nunca sabe" decía.

Siempre que tenía oportunidad de platicar con el comandante, la aprovechaba, ya que siempre me dejaba una frase nueva, recuerdo que una vez, me platico que cuando era bombero, en un incendio había un tanque de gas LP que estaba encendido, y que detecto que estaba a punto de explotar, así que les dijo a sus compañeros que se retiraran para que se cubrieran mientras el trataba de enfriar un poco el tanque, esto desde una distancia prudente.

Mientras él también se cubría detrás de una barda, el tanque exploto, me comentaba que solo escucho un sonido muy agudo, donde se le reventaron los tímpanos.

-Gracias a dios salimos vivo, muchacho, pero desde ahí quede medio sordo- me dijo como recordando aquel momento donde había perdido parte de su sentido del oído.

En ese momento, me dijo una frase que aun causa estragos en mi:

-Pero recuerda "A veces perdiendo se gana"(tampoco sé si esa frase fue de su autoría pero juro que nunca la había escuchado), ese día perdí algo ( refiriéndose a parte de su sentido del oído) pero gane experiencia, te aseguro que eso no nos vuelve a pasar, ese día entramos a los tejabanes (casas de madera) y no revisamos que estaba el tanque prendido, si lo hubiéramos detectado desde antes, lo hubiéramos enfriado más tiempo y tal vez no hubiera pasado esa explosión, recuerda, antes de entrar a un incendio tienes que analizar los riesgos con los que te puedes topar-

- Otra cosa que también aprendí, es que "Los panteones están llenos de héroes", también hay que saber cuándo debemos salir de un incendio, creo que esa es la lección más importante que debes aprender, no somos superhéroes, somos humanos, también nos da miedo, tenemos familia, alguien nos espera-

# 17
# ENTRENAMIENTO DE ESCALERAS

-Ya llegué cuñado- me grito desde lejos.

-Arrímese no me tenga miedo- Me dijo con una voz un poco más de amigos, cerca de él tenía una escalera de 2 secciones de esas que se usan para subir a la azotea de casas de 2 niveles.

-Equípese completo, le voy a tomar tiempo, - me dijo con una voz de sargento mal pagado.

No creo que hubiera traído reloj, pero me asusto, al hablarme así que trate de equiparme lo más rápido posible.

Cuando según yo terminé, le dije:

-Ya quedo-

-Dije el equipo completo, le falta el equipo de respiración, el tanque de aire comprimido pues-me dijo ya enojado, como si quisiera que yo adivinara las cosas que él estaba pensando.

Total, me puse todo el equipo como él decía, solo la mascarilla no me la puse como en otras ocasiones.

Alguien podría decir que, porque le hacía caso a esta persona, si me ponía unas buenas friegas, pero tengo que aceptar que para empezar sentía respeto por el, ya que era una persona mayor que yo, y tenía mucha experiencia en bomberos, así que lo que él me enseñara valía mucho para mí, además sabía que era para mi propio bien.

Por otro lado, era la única persona que se había acomedido a entrenarme y eso para mí tenía mucho valor.

Eran como las 2 de la tarde cuando empezamos el entrenamiento, me pidió que cargara la escalera, en posición vertical, frente a mí con mis brazos extendidos, la mano derecha frente a mi boca, y la mano izquierda frente a mi pecho, me dijo que con esto lograría un equilibrio de la escalera para que no se cayera.

La alcanzaba a levantar como unos 10 centímetros del piso, y me pidió que avanzara así, de un lugar a otro.

La recargaba en un edificio, corría ya sin la escalera hacia otro edificio, y regresaba por la escalera, y posteriormente lo hacía al revés, dejaba la escalera en el otro edificio y me regresaba corriendo hacia el primer edificio, y luego regresaba por la escalera. A la segunda vuelta, sentía que me desmayaba, pero mi entrenador, lo único que hacía era reírse de mí.

No sé cuánto tiempo estuve haciendo esta actividad, pero hubo un momento que se compadeció de mí, y me dijo que me sentara un rato y dejara la escalera recargada en uno de los edificios.

Cabe señalar que ya no aguantaba las manos, ya que era mucha fuerza la que hacía para poder sostener la escalera en posición vertical frente a mí, y así caminar de un edificio a otro.

-Siente se un rato cuñado, descanse, quítese en equipo de respiración el casco y desabróchese el chaquetón para que agarre aire un poco-creo que si me vio muy cansado para que me dijera eso.

-Cuñado se ha puesto a pensar que este trabajo es muy difícil y muy arriesgado-dijo en un tono muy serio.

-Creo que si, por lo que he visto también en ocasiones es muy triste porque a veces no puedes hacer nada para poder ayudar a la gente- le dije por lo del accidente donde habían muerto varias personas, y que acababa de pasar unos días antes de esta platica.

-Y también a nosotros nos puede pasar algo, imagínese cuñado morir en un incendio, usted es soltero, pero uno tiene familia, es difícil- creo que nunca lo había visto tan serio al platicar conmigo, que me hiso pensar muchas cosas.

Me dio tanta confianza al platicarme esto que estuve a punto de abrir mi corazón, y decirle todo lo que pensaba de lo que estábamos platicando, cuando en ese momento dijo:

-Usted no se apure, si usted llega a morir quemado, dígale a su familia que me hable, yo trabajaba en una funeraria, y maquillaba a los muertos, así que si su familia me contrata, yo lo dejo bien guapo, por más quemado que este, lo dejare como actor de cine- creo que ese comentario rompió toda seriedad con la que habíamos estado platicando.

-Póngase a fregarle, póngase el equipo otra vez ya fue mucha platica-me dijo mi instructor mientras se reía, como si se hubiera acordado de un chiste.

Por su forma de ser, se me hacía mucha belleza que estuviera platicando bien conmigo, pero tenía razón, si nos poníamos a pensar las cosas con seriedad, no haríamos el trabajo, por miedo.

Me puse el equipo nuevamente, con todo y equipo de respiración, (aclaro nuevamente sin mascarilla).

Tal vez no he mencionado que dentro de las instalaciones teníamos una gran alberca, la cual la mitad era muy profunda, desgraciadamente en esa ocasión estaba fuera de operación. (sin agua puedo mencionar que la alberca tenía una profundidad en su parte más profunda de como 2 metros y medio))

-Llévese la escalera al área de la alberca-creo que ya tenía algo pensado.

Como mencione, la escalera era muy grande.

-Vamos a acostar la escalera de lado a lado de la alberca, ¿cuánto pesa cuñado? en ese entonces yo pesaba cerca de los 65 kilos.

La escalera estaba en posición horizontal de lado a lado de la alberca.

-Bueno cuñado, imaginémonos que para llegar al incendio tiene que cruzar de un edificio a otro, y no tenemos equipo más que una escalera- en ese momento yo pensé en muchas cosas, por ejemplo, en un helicóptero o una plataforma o tal vez una grúa, una cuerda o etc. pero nunca me imaginé una escalera para cruzar de un edificio a otro.

-Así que tiene que cruzar de un lado a otro sobre la escalera, hágalo parado, y no se tarde ya que no podemos estar parados mucho tiempo sobre la escalera, porque le podríamos causar un daño- me dijo con una voz de autoridad, pero a la vez de coraje como si estuviera enojado conmigo, ya en forma personal.

-Así que rapidito y de buen modo, lo espero de este lado- me dijo sonriéndose como quien espera que algo gracioso suceda para soltar la carcajada.

Yo creo que, si pesaba unos 65 kilos, pero sin equipo, ya que con el equipo completo pesaba mucho más.

Estuve a punto de decirle que no, que no podía hacerlo, que me daba miedo y que no iba a realizar este entrenamiento, pero algo me detuvo, (tal vez fue mi orgullo tal vez la adrenalina, tal vez nunca lo sabré, pero lo que si se, es que me dio fuerzas para poder salir adelante) si realmente quería ayudar al prójimo, tenía que estar bien preparado, parte de esa preparación, es el entrenamiento.

Así que tome la decisión de enfrentar el reto, ya que, si esta persona se estaba tomando el tiempo de entrenarme, lo menos que podía hacer era obedecerlo, y seguir las indicaciones que me estaba dando.

Bueno, primero inicie con un paso, con el pie derecho, si caía de esa escalera, caería con la frente en alto, como un valiente, no como un cobarde.

Tenía que pisar exactamente en cada uno de los peldaños de la escalera, si de por si era difícil hacerlo con ropa normal, ahora, con el equipo de bombero, (que las botas de bombero hacen más difícil el caminar) esa dificultad se incrementaba considerablemente.

Di mi segundo paso con el pie izquierdo, y por un momento perdí el miedo, estaba a casi 20 centímetros de la orilla de la alberca y pensé que ya había perdido el miedo.

Me sentí un poco seguro, de avanzar un poco más, cuando en ese momento, mi instructor, dio una patada a la escalera del otro lado de la alberca, eso hiso que perdiera un poco el equilibrio y me diera nuevamente ese miedo que anteriormente evitaba que avanzara.

-Cuñado, las cosas no son fáciles que tal si el piso de la azotea del edificio se encuentra débil, la escalera se moverá de repente y no le van a avisar, así que el riesgo existe, pero no se asuste, ya no hay vuelta para atrás, al menos que sepa caminar de reversa-

Debo confesar que tuve que seguir avanzando a gatas, tenía tanto miedo que creo que encaje las uñas en cada uno de los peldaños, no me dolían las rodillas que casi las arrastraba sobre los peldaños, mientras que mi instructor improvisado se reía.

Casi estaba a mitad de la alberca, cuando de nuevo mi entrenador improvisado, pateo la escalera, juro que sentí que casi pasaba toda mi vida frente a mí, y casi juraba que si salía vivo de ahí, no regresaría a los bomberos, ya que el miedo que estaba sintiendo bajo una situación "controlada" era demasiado, entonces en una situación real, me moriría de miedo.

# 18
# EFECTO TRAPECISTA

Hace algunos años escuché sobre un efecto trapecista, esto en psicología, esto lo pude relacionar con esta actividad, y la puedo seccionar en tres partes:

Al principio, antes de realizar la actividad de cruzar la alberca sobre la escalera, estaba muy cómodo y podía quedarme ahí si yo así lo decidía, y no pasaría, nada, ni malo ni bueno, simplemente las cosas seguirían igual, ese es el principio del efecto trampolín.

La segunda etapa es precisamente al centro del trampolín donde dejaste atrás el área de comodidad, y el final aún está muy lejos, si te quedas ahí es muy peligroso, ya que no tienes seguro nada, ni lo que tenías, ni lo que tendrás, simplemente estas en el medio de la nada, y lo malo es que, si te quedas mucho tiempo en esta etapa y no tomas una decisión, podrás caer, en pocas palabras no lograras nada.

La tercera etapa, creo que es la más gratificante ya que después de haber pasado la más difícil de soltarte de un lugar donde estabas cómodo, y pasar por una parte de riesgo, estas nuevamente en un área segura, en este caso al final de la alberca, ya en piso seguro.

Si hacemos una analogía hacia las situaciones de la vida, podemos decir que el efecto trapecista, lo vivimos durante muchas etapas de nuestra vida, ya que por ejemplo podemos decir, cuando cambiamos de secundaria a preparatoria, la secundaria es una etapa que ya tenemos controlada, conocemos a nuestros amigos, ya sabemos que maestro es exigente y que maestro no lo es, sabemos que materia es más fácil y cuál es la más difícil, esta podemos decir que es la primera etapa, solo que en la vida real, no hay decisión de quedarnos en esta etapa, no podemos quedarnos en la secundaria toda la vida.

De repente terminamos nuestra educación secundaria, y ahora vamos a buscar donde seguiremos estudiando, ¡sorpresa! si no nos damos cuenta, esta ya es la segunda etapa del efecto trapecista, ya no hay vuelta atrás, vamos a un lugar que puede ser mejor que el anterior ( normalmente así lo es) pero queremos seguir en el anterior ya que el miedo ocasionado por el desconocimiento nos dice que no avancemos, no sabemos que hay adelante, pero la vida, tampoco nos da opción aquí, no podemos quedarnos a la mitad de la alberca sobre la escalera, tarde o temprano se vencerá y caeremos al vacío.

Y sigue la parte final de este efecto (aunque para algunos la parte final es solo el inicio de un nuevo reto)

Muchos pudieran decir sería más fácil realizar este efecto trapecista si tuviéramos una red de seguridad.

Pero tenemos que entender que la posibilidad del error existe, pero no podemos evitar la caída ni arrepentirse de ella solo lo que podemos hacer es aprender de lo ocurrido.

Terminamos nuestro entrenamiento y como era de pensarse me toco que recoger la escalera y ponerla en su lugar, después de quitarme mi equipo y ponerlo cerca de la maquina 23, mi instructor, me dio la oportunidad de descansar un poco.

# 19
# EL GRAN INCENDIO

Después del tan merecido descanso, seguido del entrenamiento psicológico y físico que mi instructor tan detalladamente había preparado para mí, cenamos como en familia todos juntos, y posteriormente de esa gran cena nos fuimos a dormir, solamente se quedó en la guardia, quien le había tocado el primer turno en la guardia.

Al estar durmiendo ya en mi cama, en el segundo nivel, sobre la sala de máquinas, me puse a pensar el riesgo que se corre en esta profesión, y sobre el riesgo que correría la gente si no existiera, en realidad esa idea no me dejaba dormir, y me acordaba lo que mi papa **decía "Si tu no haces ese trabajo, alguien más lo hará".**

No supe en que momento me quede dormido, de repente se escuchó la alarma, y todos nos despertamos y salimos corriendo algunos bajaron por las escaleras yo baje por primera vez por el tubo de bombero.

No supe qué tipo de servicio era, solo decían que estaban pidiendo apoyo de otro municipio, y que otras unidades se unirían al apoyo, eran alrededor de las 03:00 de la mañana.

Al llegar al área encontramos más unidades de bomberos que nunca había visto algunas de modelos más antiguos, y algunas máquinas que ya había visto, eran compañeros con los que ya había trabajado en el incendio anterior y que alguna vez había visto en la central.

En esta ocasión el incendio era en un gran almacén de alimentos, eran como 3 bodegas juntas, decían los demás compañeros que había varios camiones dentro, y que al parecer también estaban envueltos en el fuego.

Al bajarme de la unidad, un compañero comenzó a tender la manguera mientras otro le ayudaba, uno más me pidió apoyo para que le llevara un mazo, con el cual comenzó a romper la pared que se encontraba más próxima a la unidad en la cual habíamos llegado.

El incendio era de grandes dimensiones, había reporteros por todos lados, las llamaradas del fuego salían por la parte alta de las bodegas.

Se veía un infierno dentro, esto por el pequeño boquete que acababa de abrir el compañero al cual le acababa de pasar el mazo, mientras golpeaba la pared hacia más grande el boquete, y salía la temperatura por ahí tan alta que el calor hacia que los bomberos que no traían equipo completo (oficiales y maquinistas) se tuvieran que retirar del área.

Como el hueco en la pared era algo reducido, el capitán me pidió que ingresara con una manguera por ahí, para poder atacar el fuego por ese frente, acto seguido, realice lo que me pedía, e ingrese una línea de 1.5" para poder atacar desde ese punto.

Al ingresar a una de las bodegas por el hueco, sentía como la radiación quemaba mis mejillas, la luz del fuego era tan fuerte que impedía que tuviera abiertos por mucho tiempo los ojos.

Dentro de la bodega había cajas de frijoles enlatados, los cuales explotaban por la temperatura, nunca había escuchado un ruido similar, ya que se escuchaban como disparos de metralletas, una explosión tras otra, parecían balazos.

No sé cuánto tiempo estuve en esa área, atacando al fuego, pero de repente otro compañero me relevo y tuve que salir, gracias a dios me relevo ya que en realidad me sentía muy cansado y el fuego me estaba desgastando muchísimo.

Descanse un poco mientras me reponía, me hidrate un poco.

En ese momento vi que el pelacas y mi instructor el gruñón subían por una escalera hacia la parte alta del almacén, el pelacas llevaba una manguera entre sus manos y espalda, así que decidí subir con ellos, no sin antes solicitar autorización.

Cuando me dijeron que si podía acompañarlos, ya tenía un pie sobre la escalera, sabía que el calor iba a estar fuerte en la parte alta, ya que el aire caliente tiende a subir, ya que es más liviano que el aire frio, eso me lo había dicho mi instructor.

La gran parte del techo era de concreto, solo una parte, la cual ya se había caído era de lámina nosotros estábamos atacando desde una parte segura hacia donde se había caído el techo.

No recuerdo durante cuánto tiempo estuvimos turnándonos los tres, para trabajar con la manguera, pero en realidad fue mucho tiempo, ya estaba comenzando a cansarme, además el efecto de haberme hidratado durante mi descanso anterior ya estaba cobrando factura, (me estaba orinando), así que le tuve que decir a mi instructor que ya tenía que ir.

- ¿A dónde cuñado? - me dijo medio enojado.

-Pos al baño ¿a dónde más? - le dije ya muy preocupado, ya que, aunque mi equipo estaba mojado, no quería mojarlo más.

-Vaya cuñado, nada mas no se aleje mucho ya que no sabemos cómo están las demás áreas, esta es la única segura-

Cuando termino de decir eso, ya me estaba retirando para realizar mis necesidades fisiológicas, dando la espalda a donde estaban mis compañeros.

Cuando terminé de tirar el agua que había acumulado por hidratarme de más, me dirigí caminando hacia donde estaban mis compañeros, en eso mis compañeros me veían que llegaba con ellos, con un gran asombro.

-Pues que hiso cuñado- me pregunto un poco asombrado mi instructor.

-Ya le dije solo fui a orinar-

Pues ¿qué tanto orino cuñado? -me dijo señalándome hacia el área donde había orinado-orino mucho o era plomo liquido lo que orino-

Al voltear, mire con gran asombro que el área donde había realizado mis necesidades había desaparecido, se había caído completamente el techo.

Me puse a pensar muchas cosas, ya un poco fuera de la historia narrada, que por más seguro que pensemos que estamos, podemos perder el suelo tarde o temprano, un compañero de trabajo un día me dijo, el éxito del ayer no te asegura el éxito del mañana.

Ese día seguimos trabajando durante muchas horas más, hasta el amanecer y terminamos completamente cansados, es más, el siguiente turno nos relevó ahí mismo, recuerdo que después de retirarnos, me tocó ver en las noticias que ese almacén se volvió a encender unas tres veces más.

# 20
# LA LEY DEL YO, YO

Ese fin de semana tomamos un curso de primeros auxilios, donde aprendíamos a ser los primeros respondientes para ayudar a nuestros mismos compañeros en caso de que sufrieran alguna lesión, y también nos enseñaron a dar la primera atención a los lesionados que se surgieran de un incendio.

Algo que recuerdo que nos dijeron, fue la ley del yo, yo, que citaba algo más o menos así.

En caso de que veamos un lesionado, se debe de aplicar primeramente la ley del Yo, Yo:

Primero Yo

Después Yo

Y al final Yo.

Esto quería decir, que no debíamos de arriesgarnos, si veíamos a una persona atrapada dentro de un incendio, primero debíamos de pensar en nosotros, luego en nosotros y después en nosotros, en pocas palabras, primero era nuestra seguridad y después de las personas que estaban en ese caso como víctimas, que no debíamos arriesgarnos.

Tal vez este comentario es muy personal, es hecho bajo un enfoque muy personal, siempre e respetado a quien conoce de primeros auxilios y sabe aplicarlos, y no quiero causar polémica con este tema.

Pero tal vez esta regla aplica solo en ellos, o más claramente solo en los casos de la aplicación de primeros auxilios, ya que, en el caso de incendios, al día de hoy no conozco un bombero que no arriesgue su vida por salvar a otra persona.

Solo analicemos un caso:

Una persona dentro de una casa en llamas gritando por la ventana pidiendo ayuda, ¿en este caso aplica la regla del Yo, Yo?:

El bombero tendría que revisar el área, analizar los riesgos presentes, buscar porque paso el incendio, (porque tal vez lo ocasiono una fuga de gas y el riesgo de explosión es latente por el tanque de gas LP si este es el caso, o si hay cables eléctricos tirados, etc.).

Qué tal si el oficial o el maquinista no traen su equipo, y mientras el bombero tiende la manguera para controlar el incendio, el oficial o el maquinista toman su equipo y comienzan a ponérselo, mientras la persona corre el riesgo de morir quemada o asfixiada.

La ley del Yo, Yo, dice que es preferible tener un lesionado y no dos, y tiene mucha razón.

Pero en el caso de los bomberos, solo pongámonos a pensar si aplica o no, eso lo dejo a su consideración.

La persona que está pidiendo ayuda a los bomberos, no sabe si existe esta ley o no, ellos solo esperan que quien llegue, le ayude, eso es en primer lugar, la persona solo requiere ayuda y ya.

En segundo lugar, el bombero cuenta con un entrenamiento para poder rescatar personas en peligro.

En tercer lugar, cuenta con el equipo necesario para protegerse (en la medida de lo posible) del fuego y riesgos presentes en el lugar del incendio)

En cuarto lugar, es su trabajo.

Y por último y creo más importante, el quinto lugar, su responsabilidad civil, es cuidar la integridad de las personas, independientemente del riesgo.

Nuevamente aclaro, no quiero decir que la regla este mal, solamente que, en algunos casos, tenemos que analizar bien que es lo que vale más en ese momento, una regla, o la vida de una persona.

He sabido de compañeros que han salvado vidas, (y en su mayoría vidas de niños en peligro o en riesgo de muerte) arriesgando su vida, ingresando a incendios sin equipo de protección personal (es mas en algunos casos hasta fuera de su horario de trabajo, como mi tocayo Mario Rodríguez quien aún es bombero voluntario) y han hecho esto por los demás rompiendo esta regla del Yo, Yo.

Si ellos no hubieran tomado la decisión de romper esta regla, estuviéramos hablando de desgracias personales.

Como lo dije en un principio, al menos los compañeros que conozco, están decididos, bajo ciertas circunstancias a romper esta regla, si el caso así lo amerita, para poder salvar la vida de personas que se encuentran bajo algún riesgo de muerte por quemaduras o por intoxicación.

Haciendo referencia a un libro que leí hace algunos años, sobre la experiencia de una persona dentro de un campo de concentración, pero hago la analogía al rescate usando solo alguna frase de un fragmento:

***"Es lógico que todos los bomberos, tienen el pensamiento de mantenerse con vida durante su jornada laboral, para volver con sus familias, que los esperan en casa, pero en casos muy difíciles al realizar rescates, lo sabemos bien, los mejores de nosotros, no regresan"***

Nuevamente no lo tomen a mal, ya que muchos que conocen de este trabajo dirán, si se accidento, o le paso algo malo, fue porque no supo hacer su trabajo bien, lo entiendo, pero les pido de favor que se pongan también a analizar que hay quienes se brincan las trancas para poder salvar una vida, y corre el riesgo de perder la suya misma, y lo hace por amor al prójimo, no porque les valga.

Me ha tocado ver noticias de otros países, donde bomberos son señalados como que hicieron mal su trabajo, ya que salieron mal librados, o ni siquiera salieron de algún rescate o incendio, y mucha gente critica fuertemente esta situación, sin saber que se brincaron las trancas por la adrenalina, o por el hecho de que era una situación de vida o muerte y tenían que actuar.

Es muy fácil criticar, y más fácil es si uno no estuvo en el lugar donde sucedieron las cosas, mucha gente se limita a criticar, pero no analizan lo que ellos realmente harían si estuvieran en la misma situación que las personas que cometieron el error, por llamarlo de alguna manera.

# 21
# UNA TRISTE REALIDAD

Una vez vi un reportaje, de un estudio de cuánto gana un diputado, no importa el país donde se haga este, contra el salario de un bombero, y es triste saber que la diferencia es grandísima, yo siempre he entendido que cada quien tiene su especialidad, por ejemplo un diputado, estudio para poder realizar su trabajo ( no quiero hablar de política pero creo que debieron haber estudiado) y un bombero también debió haberse preparado para poder realizar su actividad, tal vez no existe alguna carrera profesional para ello, pero lo que sí puedo asegurar es que están en constante entrenamiento y adiestramiento para poder desempeñar su trabajo.

Son actividades diferentes y es entendible que ganen una cantidad diferente, lo que no entiendo y no puedo aceptar es que la actividad de bomberos no se valore, no se le dé la importancia que se debe.

Por ejemplo un equipo de bombero completo es caro, y en realidad todas las corporaciones de muchos lugares, tienen muchas carencias, esto debería de darse a conocer abiertamente, los medios de comunicación, también deberían de dar a conocer esta información para que la gente se sensibilice, y no solo se acuerden de los bomberos, cuando pasa algún desastre o cuando realizan un rescate en una situación difícil, ahí si nos acordamos todos, y les damos reconocimientos , algunas medallas, diplomas, o simplemente un reconocimiento de la labor momentánea.

No digo que ese tipo de condecoraciones o reconocimientos sean malos, lo único que digo es que de eso no comen los bomberos, de eso no se equipan los bomberos, hay lugares donde el cuerpo de bomberos es totalmente voluntario, ni siquiera, reciben una paga por realizar esta noble labor.

Muchas empresas han sufrido y/o están en riesgo de sufrir incendios, algunas de estas empresas, en ocasiones realizan pequeñas donaciones únicas (de una sola ocasión) a los cuerpos de bomberos, pero si supieran que algunos cuerpos de bomberos a veces no tienen ni que comer, realmente tomarían en cuenta no una donación única sino un patrocinio completo y temporal.

Algunas empresas del ramo alimenticio podrían realizar este tipo de servicios, y esto ayudaría a que los bomberos, tuvieran una preocupación menos, un gasto menos que añadirle a su salario.

También existen empresas que no son de este ramo, pero que fácilmente pueden realizar donaciones talvez anuales, donde consideren la compra de equipo de protección personal para los bomberos, algunas otras empresas del ramo automotriz, por ejemplo, encargarse del mantenimiento fijo a las máquinas de bomberos, en algunos cuerpos de bomberos, ellos mismos realizan los mantenimientos de sus unidades demeritando la vida útil de los mismos.

Desgraciadamente esta situación no es exclusiva de una sola ciudad, de un solo estado ni siquiera de un solo país, en américa latina, la calidad de vida de los bomberos, se ha visto disminuida considerablemente para poder darnos cuenta de esto, basta con buscar en internet, **"Condiciones precarias de bomberos"** y nos daremos cuenta de la gran cantidad de noticias de varios estados y de países de américa latina, donde hablan de esta situación.

# 22
# PROLOGO

Esta historia está escrita con mucho cariño, con la firme idea de ayudar a los jóvenes a entender ciertas cosas que pasan al día a día en nuestra juventud.

Creo que todavía existe mucha historia que contar, pero por tiempo no podre realizarlo en esta ocasión, espero que exista la posibilidad de escribir más de esta etapa de mi vida, en la cual desearía estar aún, lo cual es imposible.

Esto me recuerda un proverbio chino, que dice "el pasado ya paso, el futuro es incierto, el Hoy es un regalo, por eso lo llaman presente", por tal motivo debemos enfocarnos en lo que pasa hoy, es bueno tener sueños para el futuro, y también es bueno echar un vistazo al pasado, para ver los errores y aprender de ellos y mejorar, pero no podemos perdernos en el hoy, en el ahora.

Hablamos en este libro de dejar huella, pero hay muchos conceptos de dejar esto.

Parte de dejar huella podemos decir, que no hablamos de hacer algo extraordinario, a lo largo de este libro hablamos de dejar huella en cierta etapa de la vida, pero recordemos que podemos dejar una buena o una mala huella, ya que podemos hablar de acciones u omisiones, podemos recordar que estas nos siguen en el tiempo, los fantasmas del pasado nos los topamos en el presente si son buenos, nos benefician, pero si son malos, nos perjudican.

Sinceramente creo que no soy la primera persona que intenta escribir en un libro, algún capítulo de su vida, esto para mí fue un reto, y en realidad me ayudo a darme tranquilidad para poder superar los momentos difíciles por los que estoy pasando y por los que seguirán.

Decidí que este libro fuera de mi época en que jugué a ser bombero, ya que fue una época donde me forme y crecí y creo que las bases más fuertes de muchos de mis valores los logre aquí.

Nunca fui el mejor bombero (de hecho, al día de hoy, no soy ni siquiera, el mejor padre, el mejor esposo, el mejor hijo, el mejor hermano o la mejor persona que exista) pero no era, ni es, ni será una competencia, esto es servir a los demás, es una actitud de servicio, es una labor de ayuda, ***ser bombero es un estilo de vida.***

# BIBLIOGRAFIA

*El Sentido de la Vida, Seis lecturas de filosofía Moral*

**Publicado por editorial Helicón. en 1996 en Oviedo España.**


*Donde tus sueños te lleven, Tu pasado no determina tu futuro*

**Publicado en 2012 en Barcelona España**


*El hombre en busca de sentido*, **de Viktor Frankl.**

**Publicado en Barcelona HERDER 2004**

# INDICE

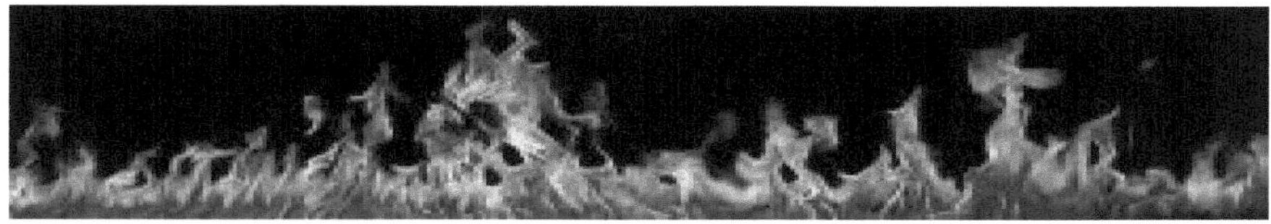

Este es un libro que relata la historia de un joven que quiso buscar hacer historia, y dentro de esta búsqueda, encontró un sueño, el cual siguió, hasta encontrarlo, si estás buscando un libro entretenido y con contenido real, estas frente a él, este libro te llevara por una historia de divertidas aventuras y vivencias reales.

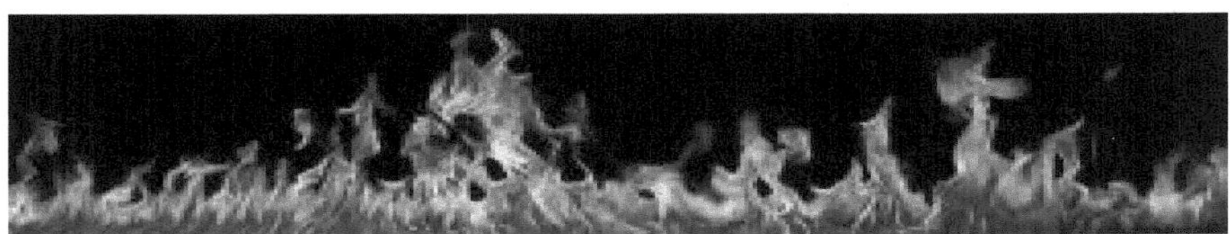

## I want morebooks!

Buy your books fast and straightforward online - at one of world's fastest growing online book stores! Environmentally sound due to Print-on-Demand technologies.

Buy your books online at
### www.morebooks.shop

¡Compre sus libros rápido y directo en internet, en una de las librerías en línea con mayor crecimiento en el mundo! Producción que protege el medio ambiente a través de las tecnologías de impresión bajo demanda.

Compre sus libros online en
### www.morebooks.shop

KS OmniScriptum Publishing
Brivibas gatve 197
LV-1039 Riga, Latvia
Telefax: +371 686 204 55

info@omniscriptum.com
www.omniscriptum.com

Printed by Books on Demand GmbH, Norderstedt / Germany